建筑装饰施工图深化设计

主　编　王唯佳　王宇平　练祥宇
副主编　谢　芮　李国升　郑　思　黄武亮

中国建材工业出版社
北　京

图书在版编目（CIP）数据

建筑装饰施工图深化设计/王唯佳，王宇平，练祥宇主编．--北京：中国建材工业出版社，2024.1

ISBN 978－7－5160－3623－5

Ⅰ.①建… Ⅱ.①王… ②王… ③练… Ⅲ.①建筑装饰—工程施工—建筑制图—高等职业教育—教材 Ⅳ.①TU767

中国版本图书馆 CIP 数据核字（2022）第 239034 号

建筑装饰施工图深化设计

JIANZHU ZHUANGSHI SHIGONGTU SHENHUA SHEJI

主　编　王唯佳　王宇平　练祥宇

副主编　谢　芮　李国升　郑　思　黄武亮

出版发行：中国建材工业出版社

地　　址：北京市海淀区三里河路 11 号

邮　　编：100831

经　　销：全国各地新华书店

印　　刷：北京印刷集团有限责任公司

开　　本：787mm×1092mm　1/16

印　　张：10.75

字　　数：250 千字

版　　次：2024 年 1 月第 1 版

印　　次：2024 年 1 月第 1 次

定　　价：45.00 元

本社网址：www.jccbs.com，微信公众号：zgjcgycbs

请选用正版图书，采购、销售盗版图书属违法行为

本书编委会

主　编

王唯佳　王宇平　练祥宇

副主编

谢　芮　李国升　郑　思　黄武亮

参　编

杨佳佳　蔡　响　韦石兰

前言

党的二十大报告指出，“统筹职业教育、高等教育、继续教育协同创新，推进职普融通、产教融合、科教融汇，优化职业教育类型定位”，教育部部署“十四五”职业教育规划教材建设再次明确了职业教育的发展方向，为职业教育发展提供了根本指引。教育部印发的《“十四五”职业教育规划教材建设实施方案》指出，要突显职业教育类型特色，坚持“统分结合、质量为先、分级规划、动态更新”的原则，鼓励专业课程教材以真实生产项目、典型工作任务等为载体，体现产业发展的新技术、新工艺、新规范、新标准。根据二十大精神及教育部相关要求，《建筑装饰施工图深化设计》这本教材的编写注重通过技术理论知识使学生了解岗位工作过程的基本原理和机制，以适应不断变化的工作情境与内容，引导学生在学习时开展技术实践，循序渐进地指导个体完成岗位工作任务，确保职业教育育人价值得到贯彻落实。

“建筑装饰施工图深化设计”课程是建筑装饰工程技术专业和室内设计专业的必修课程，按照学习理解顺序，学生在学习该课程前应先掌握“建筑构造”“建筑制图与识图”“建筑装饰CAD基础”“装饰材料与施工”等专业基础课程内容，并经过装饰施工课程的相关训练，掌握装饰材料及施工构造知识基础，且具备独立制图能力，方能领会和掌握这门课程的内容。因此，该门课程具有学习连贯性强及专业难度高的特点。

本教材是依照建筑装饰行业对施工图绘制人员所要求的专业能力而编制的，教材的内容共分为三个模块。模块1以讲解建筑装饰施工图的作用、绘制施工图前应掌握的基本能力为主，本模块是对建筑装饰施工图绘制相关理论知识的引导；模块2通过对项目方案的识读，使学生掌握并理解方案设计要求，在此基础上学习了解绘制建筑装饰施工图和深化设计的过程及注意事项，本模块是学生要重点掌握的内容；模块3分别通过公装和家装两个建筑装饰项目的实操训练，使学生达到加强理论知识理解及熟练掌握绘图技能的目标。

本教材内容结合历年全国职业院校技能大赛建筑装饰技能应用赛项（2023年调整为建筑装饰数字化施工赛项）中的施工图深化设计模块试题及各分项绘制要求编写。实操部分包含方案阶段识读、绘制封面目录、说明系统、平面图、立面图及装饰详图等学习内容。其中模块2的实训参照竞赛题目要求编写。

本教材依照《关于深化教材规划体系建设的指导意见》提出的“要充分发挥信息技术的作用，积极推进教材数字化，促进教材内容的优化和升级，提高教材质量”的要求，在教材编写过程中结合数字化教学资源，与数字化教学平台相结合，涵盖微课动画、动画演示、教程录屏、教学 PPT 等多样数字化教学形式，可带领读者更好地进行系统化及碎片化的学习。

编者

2023 年 10 月

目 录

模块 1 理论知识

模块 2 实训实操

模块3 项目实训

二维码目录

模块 1

理论知识

1 建筑装饰施工图绘制导入

学习重点、难点

学习重点：了解建筑装饰施工图在建筑装饰中的作用及组成形式。

学习难点：掌握建筑装饰施工图的组成形式及要求。

学习目标

能够了解建筑装饰施工图绘制在建筑装饰工程中的重要性，制图的前期准备和绘制完成后在施工、造价、验收中的作用；了解整套建筑装饰施工图的图纸内容及要求。

思政元素

本模块课程思政建设目标为：使学生对“中国式现代化”的认知更加清晰、科学、可感可行，坚定学生文化自信，树立民族自豪感。通过中国建筑业发展现状、脱贫攻坚成就等案例，让学生对党的十八大以来中国取得的伟大成就有更直观的认识，进而深化学生对“以中国式现代化全面推进中华民族伟大复兴”征程的认同感与参与感，培养学生精益求精、追求卓越的工匠精神以及品质为先，匠心报国的工程价值观。

1.1 建筑装饰施工图的作用

1.1.1 知识导入

党的二十大报告指出，要全面贯彻新发展理念，着力推动高质量发展，并强调“高质量发展是全面建设社会主义现代化国家的首要任务”“要坚持以推动高质量发展为主题”。受益于国家经济的高速发展，建筑行业近十年实现快速发展，建筑产业现代化程度也不断提升，一批世界级标志性重大工程向全球展示了“大国建造”的实力与风范，建筑业的国民经济支柱产业地位稳固。建筑装饰作为建筑业的重要组成部分，建筑装饰施工图在建筑装饰工程中起到了关键性的作用，那么建筑装饰施工图在整个建筑装饰工程中的作用是什么呢？请进入下面的学习内容。

码 1-1　建筑装饰施工图的作用——PPT

码 1-2　建筑装饰施工图的作用——微课动画

1.1.2　学习内容

1.1.2.1　建筑装饰施工图的概述

建筑装饰施工图是以建筑装饰设计方案为主要参照依据，通过投影法，以图纸的形式表达建筑的装饰结构、装饰造型、饰面处理，反映家具、陈设、绿化等布置内容，达到建筑装饰室内外美化要求的形式。图纸内容一般有图纸封面目录说明、建筑装饰平面图、建筑装饰立面图、建筑装饰剖面图和节点详图等。

1.1.2.2　建筑装饰施工图的作用

建筑装饰施工图的作用如图 1-1 所示。

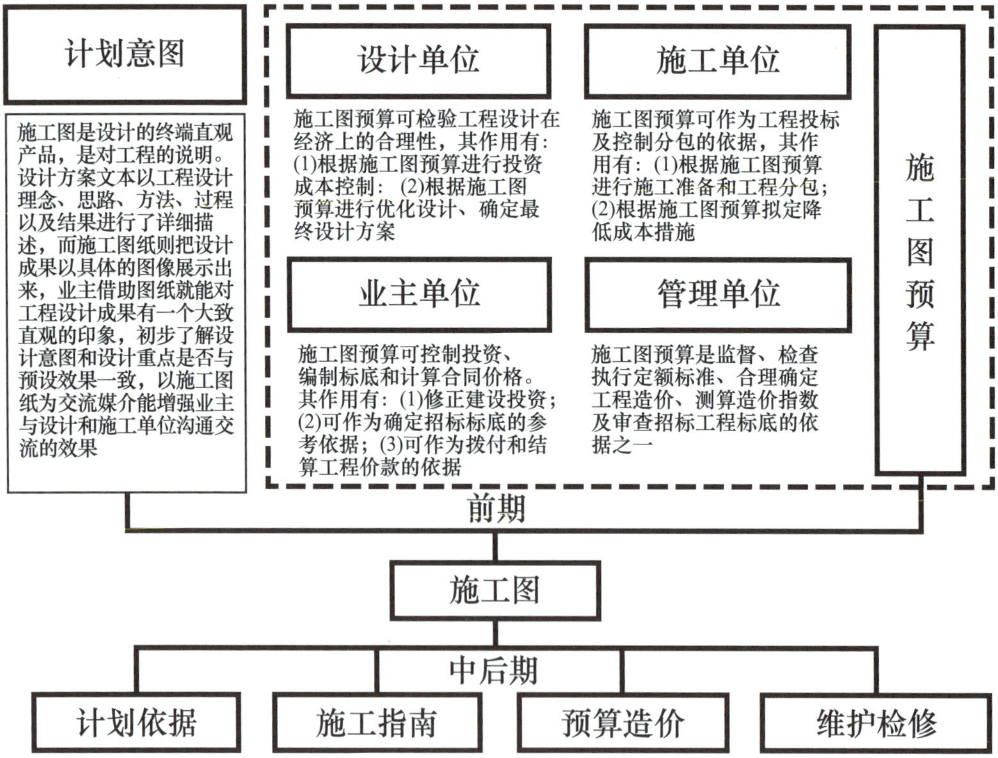

施工图是工程施工的主要依据之一，是投标报价的基础、工程结算的依据、编制工程施工计划、物资采购计划、资金分配计划、劳动力组织计划等的依据。施工方按照工程总工期要求以及各分部工程的施工工序和相互联系及影响，结合人员、机具、材料配备情况以及天气、地质等客观环境的限制对具体的施工计划和步骤进行实时安排和调整

施工图是装饰工程中施工人员开展施工的依据与指南，是设计实施的指导性文件。施工图作为重要的技术文件，是让整个施工过程顺利进行的保障，保证设计的功能性与实用性，指导工人精细化施工，按图施工。好的施工图能在施工之前及过程中及时发现和解决问题，避免了施工有误而产生的拆改、造成费用损失，也是判断施工正确性和合理性的依据

工程项目建设之前都要开展预算工作，业主方按照工程建设成本的预算造价预先支付一定比例的款项给施工单位，用于开展工程建设地点通水、通电、通路以及场地平整等各项施工准备工作和施工材料的购置等。而工程预算及造价的准确编制则以高质量的施工图纸为主要依据，通过施工图的不断优化可以在保障建筑功能不变的前提下实现工程投入的显著降低

工程完工投用后难免会发生各种质量问题，如裂缝、渗水、线路老化等，或者出于运行实际需要拆减或增设某些设施，需要依靠施工图对建筑的隐蔽工程部分进行详细了解。业主以施工图为依据可开展细致到位的检修，准确找出问题根源，提高问题处理效率；也能就拆减或者增设设施对工程局部和整体所产生的影响作出精准判断，进一步研判拆减或者增设某项设施的必要性

图 1-1　建筑装饰施工图的作用示意图

1.1.2.3　建筑装饰施工图与建筑装饰工程各环节的关系

1. 建筑装饰施工图与建筑装饰设计的关系

建筑装饰设计是建筑装饰施工图绘制的前期工作，设计师与客户沟通后，将客户对空间的设计要求表达在装饰效果图中，通过设计修改，客户确定最终的空间设计效果，设计师将完成的装饰效果图移交给建筑装饰施工图绘制员，绘制员通过最终确定的设计效果图进行建筑装饰施工图深化设计。

2. 建筑装饰施工图与建筑装饰工程施工的关系

建筑装饰施工图中的施工说明、建筑装饰造型尺寸、建筑装饰材料和建筑装饰基层构造对建筑装饰施工有着非常重要的参照意义。虽然建筑装饰施工图根据装饰效果图来绘制，但是在整个建筑装饰效果中装饰的尺寸比例和装饰材料搭配的最终效果需要建筑装饰施工图绘制员进行思考和设计。

3. 建筑装饰施工图与建筑装饰工程造价的关系

建筑装饰造价的计算依据来自建筑装饰施工图中的建筑装饰材料与材料用量、施工工艺说明等。

4. 建筑装饰施工图与建筑装饰工程验收的关系

建筑装饰施工图是建筑装饰装修工程质量验收应提供的必备材料之一。

1.1.3　课程思考

1. 什么是建筑装饰施工图？

2. 建筑装饰施工图的作用是什么？

3. 建筑装饰施工图与建筑装饰设计、建筑装饰工程施工、建筑装饰工程造价、建筑装饰工程验收之间存在着什么样的关系？

1.2 建筑装饰施工图的内容及要求

1.2.1 知识导入

中国国家大剧院是亚洲最大的剧院综合体，也是中国国家表演艺术的最高殿堂。早在1958年，国家大剧院就已经在计划建设的名单中，但几经波折，直至2007年才迎来属于自己的首场演出。中国国家大剧院从第一次立项到正式运营，经历了49年。其设计方案经历了三次竞标两次修改，在69个方案中反复筛选，最终选定了如今的方案——整个建筑漂浮于人造水面之上，体现了人与人、人与艺术、人与自然和谐共融、相得益彰的理念，是21世纪初中国经济飞速发展、文化生活日益繁荣的一个缩影。但设计方案的确定只是一座建筑生命诞生的起点，从设计到建成，中间还要历经无数环节，而施工图就是其中最重要的一环，它关系到建筑的尺寸、位置、安全等方方面面。由此出发，本节课我们就一起来学习建筑装饰施工图的内容及要求。

码1-3 建筑装饰施工图的内容及要求——PPT

1.2.2 学习内容

码1-4 建筑装饰施工图的内容及要求——微课动画

1.2.2.1 建筑装饰施工图的内容

建筑装饰施工图可按照工程性质的不同和装饰部位的不同进行划分。建筑装饰施工图按照工程性质可划分为公共空间建筑装饰施工图和居室空间建筑装饰施工图；按照装饰部位可将其划分为室内建筑装饰施工图、室外建筑装饰施工图。而一套完整的建筑装饰施工图纸一般包括的内容见表1-1。

表1-1 建筑装饰施工图纸内容

序号	名称	内容	备注
1	封面目录说明	图纸总封面	—
		图纸目录	—
		施工设计说明	—
		装饰材料说明	—
		图例说明表	可在单独的图标上进行说明，也可作为说明附在图纸旁边

续表

序号	名　称	内　容	备　注
2	平面图	原始建筑平面图	—
		建筑拆墙及砌墙平面图	可根据图纸绘制实际情况拆分成两张图纸
		平面布置图及家具定位图	
		地面铺装图及地面拼花定位图	
		顶棚(天花)布置图及顶棚尺寸定位图	—
		平面插座布置图	—
		顶棚灯位开关控制图	—
3	立面图	墙立面图	—
		柱立面图	—
		隔墙立面图	—
4	装饰详图	地面装饰详图	—
		墙面装饰详图	—
		顶棚装饰详图	—
		固定家具装饰详图	—
		其他装饰详图	—

1.2.2.2 建筑装饰施工图的制图要求

(1)建筑装饰施工图是在装饰设计方案和方案设计图纸的基础上进行图纸的深化设计。图纸内容需包括详细的构造大样图,且能够反映图样的具体造型、尺寸、材料、构造做法等内容。

(2)图示内容、标注尺寸、字体格式及大小根据图纸比例大小的不同有相应的制图要求。

(3)建筑装饰施工图的材料填充需根据国家制图标准规范要求进行材料填充。

(4)建筑装饰施工图中的平面图、立面图中可以根据绘制情况画出装饰陈设配景,但需要用于施工的那部分图纸可以省略。

(5)建筑装饰施工图中所表现的装饰陈设内容(如家具、装饰品、电器、厨具等)只提供装饰构想,业主可结合自身情况进行选择。

(6)建筑装饰施工图需表达的内容清晰完整,装饰材料选用符合设计方案要求,建筑装饰构造符合施工要求,确保图纸内容能够实施。

1.2.3 课程思考

1. 一套完整的建筑装饰施工图包括哪些内容?
2. 建筑装饰施工图在制图时需要注意哪些事项?
3. 建筑装饰施工图的制图要求有哪些?

1.3 建筑装饰施工图深化设计

1.3.1 知识导入

党的二十大报告总结了过去五年的工作和新时代十年的伟大变革，科学谋划未来五年乃至更长时期党和国家事业发展的目标任务和大政方针。这十年，是我国历史上保障性安居工程建设规模最大、投资最多的十年，亿万百姓喜圆安居梦想。住房保障体系不断完善，保障性住房建设稳步推进，棚户区改造大力实施，住房公积金惠及群体逐步扩大，住房保障能力持续增强。十年来，累计完成投资 14.8 万亿元，建设各类保障性住房和棚户区改造安置住房 5900 多万套，低保、低收入住房困难家庭基本实现应保尽保，1.4 亿多群众喜圆安居梦。在这些成绩背后，“建筑装饰施工图深化设计”发挥了哪些作用呢？本节课我们就一起来学习。

1.3.2 学习内容

码 1-5　建筑装饰施工图深化设计——PPT

1.3.2.1 建筑装饰施工图深化设计的意义

1. 建筑装饰施工图深化设计概念

建筑装饰施工图深化设计是指对设计方案的细节优化设计，进一步加深施工图的绘制，将原设计方案中的装饰细节、施工方式、材料选用及搭配优化后，绘制成一套具有可实施性的图纸。

2. 建筑装饰施工图深化设计的意义

码 1-6　建筑装饰施工图深化设计——微课动画

施工图深化设计对于每一个建筑装饰方案而言，都有至关重要的作用。建筑装饰施工图的深化一般由施工单位组织开展，深化后的施工图是作为施工制作、计划安排及工程管理的重要依据。施工单位根据设计单位的设计意图，结合自身工艺特点、项目施工特征、成本造价及施工工期进行深化设计，提高设计成果的可实施性，实现设计与施工之间的有效沟通。减少施工方因对设计理解偏差而造成的盲目施工，规避施工错漏和返工，提高委托方的设计成果和减轻委托方的设计工作。由此可知，施工图的深化设计对项目施工过程中的成本控制、质量控制、工期控制等方面有重要关联。

3. 建筑装饰施工图深化设计的内容

建筑装饰施工图深化设计是在设计单位交付施工图设计成果后，由业主单位确定现场施工图深化设计单位，选择深化设计单位或是由施工单位负责深化，是装饰施工过程中必不可少的环节;具体内容为在方案设计的基础上,充分对方案设计意图进行理解,与具体施工要求相结合,对设计对象的室内外装饰部位进行深化设计。

建筑装饰施工图深化设计工作内容包括:通过对方案设计及项目分析后对后期施工图进行深化设计、施工图绘制及后期相关文件(表图、物料书、封面目录、设计说明……)编制等工作。

1.3.2.2 建筑装饰施工图制图深化设置

建筑装饰施工图深化设置共分三项内容,分别为尺寸标注深度设置、装饰界面深度设置、装饰断面深度设置。

1. 装饰尺寸深度设置

建筑装饰施工图尺寸标注的深度主要是按照制图的阶段与图样的比例这两方面因素来设置,具体分为六个层级。这六个层级尺寸设置是按照设计的深度不断递进的。

建筑装饰施工图尺寸标注深度设置平面图中一般表现第一、二、三尺寸深度层级;立面图中根据比例应延伸表现到第四、五尺寸深度层级;详图的大比例图纸表现第六尺寸深度层级(表 1-2)。

表 1-2 建筑装饰施工图尺寸标注深度设置层级

层级	标注内容	说明
一层级	土建轴线尺寸	反映结构轴号之间的尺寸
二层级	总尺寸	反映图样总长、宽、高的尺寸
三层级	定位尺寸	反映空间内各图样之间的定位尺寸的关系
四层级	分段尺寸	各图样内的大构图尺寸(如立面的三段式比例尺寸关系、分割线的板块尺寸、主要可见构图轮廓线的尺寸)
五层级	局部尺寸	局部造型的尺寸(如装饰线条的总高、门套线的宽度等)
六层级	节点细部尺寸	一般为详图上所需进一步标注的细部尺寸(如分缝线的宽度等)

2. 装饰界面深度设置

装饰界面深度是指对各平、顶、立界面及陈设界面绘制的详细程度,其绘制深度应根据不同的比例进行设置。装饰界面深度设置一般可分为四个层级(表 1-3)。

表 1-3 建筑装饰施工图装饰界面深度设置层级

层级	深度内容	对应比例
一层级	画出外形轮廓线和主要空间形态分割线	1∶200、1∶150、1∶100
二层级	画出外轮廓线和轮廓线内的主要可见造型线	1∶100、1∶80
三层级	画出具体造型的可见轮廓线及细部界面的折面线、花饰图案等	1∶50、1∶30、1∶20
四层级	画出不小于 4mm 的细微造型可见线和细部折面线等,画出所有五金配、饰件的具象造型细节及花饰图案、纹理线等	1∶10、1∶5、1∶2、1∶1

建筑装饰施工图装饰界面深度设置一般表现为:平面图、立面图包含第一、二、三深度层级;较大比例立面图也可以延伸表现到第四深度层级;一般在详图中才详细表现到

第四深度层级。

除装饰界面深度设置的四个层级外，绘制时还需注意以下内容：

(1)绘制 1：200、1：150、1：100 比例的平面和顶平图时，家具、灯具、设备样式造型较为丰富的图块只需绘制外轮廓线，当样式造型的主要分割线不能简化时，线宽则设置为浅色细线。

(2)绘制 1：50 比例的立面图及剖立面图时，家具、灯具、设备等样式造型较为丰富的图块只需绘制外轮廓线，当样式造型的主要分割线不能简化时，线宽则设置为浅色细线。

(3)绘制 1：30、1：50 比例的立面图及剖立面图时，当被绘制图样为两条平行线，且图样实际间距过近时，应改变其线型或数量。装饰界面绘制深度，可由项目负责人针对某一具体情况，进行调整。

(4)装饰断面深度设置

装饰断面深度是指装饰构造层剖面的表示深度，按照绘制深度需按不同比例深度进行设置；装饰断面包含平面系列、剖立面系列、详图系列(表 1-4)。

表 1-4　建筑装饰施工图装饰界面深度设置层级

深度级别	深度设置图例	深度设置要求	参考比例
1		不表示断面	1：150、1：200、1：250
2	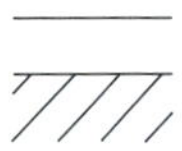	表示断面外饰线，不表示断面层	1：100、1：80、1：70
3	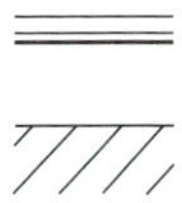	表示断面层，不表示断面龙骨形式	1：60、：150、：120
4	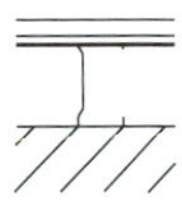	表示断面层，表示断面龙骨形式，表示部分断面材料图例填充	1：10
5		表示断面层，表示断面龙骨形式，表示部分断面材料图例填充，表示紧固件	1：6、1：5、1：2、1：1

图纸比例是建筑装饰施工图装修断面的绘制深度的主要依据，图纸比例的不同，装饰断面每一层级绘制的深度要求也不同，需按照以下五个层级进行绘制。

以 1：a 作为参照，a 为某比例读数时。

(1)当 $a>100$，如 1：150、1：200……

断面层总厚度<150mm 时，不表示断面；断面层总厚度≥150mm 时，表示断面外饰线，不表示断面层。

(2)当 $60<a\leqslant100$，如 1：100、1：80、1：70……

断面层总厚度<60mm 时，表示断面；断面层总厚度≥60mm 时，表示断面外饰线，不表示断面层。

(3)当 $10<a\leqslant 60$,如 1∶60、1∶50、1∶20……

断面层总厚度>60mm 时,表示断面外饰线(如粉刷线等),不表示断面层;断面层总厚度≤60mm 时,表示断面层,不表示断面龙骨形式。

(4)当 $a=10$,

断面层总厚度=10mm 时,表示断面层,表示断面龙骨形式,表示断面层部分材料图例填充。

(5)当 $1\leqslant a<10$,如:1∶5、1∶2、1∶1……

表示断面层,表示断面龙骨形式,表示断面层部分材料图例填充,表示节点紧固件。

对于装饰断面的绘制深度使用一般要求:第 1、2 断面深度层级绘制平面图中的墙体断面表现;第 2 断面深度层级绘制立面图的墙体断面表现,第 3 断面深度层级绘制顶剖面表现;第 4、5 断面深度层级绘制在详图中,断面根据比例表现。

1.3.3 课程思考

1. 什么是建筑装饰施工图深化设计的内容?
2. 建筑装饰施工图深化设计内容包括哪些?
3. 什么是装饰断面深度设计?

2 建筑装饰施工图绘图准备

学习重点、难点

学习重点：建筑装饰施工图在建筑装饰工程中的作用、构成形式及要求。

学习难点：建筑装饰设计方案的识读，建筑装饰施工图的制图标准。

学习目标

了解建筑装饰施工图在建筑装饰工程中的作用，制图的前期准备工作，绘制完成后在建筑装饰施工、建筑装饰造价及建筑装饰工程验收中的作用；了解整套建筑装饰施工图的图纸内容及要求，培养建筑装饰设计方案的识读能力。

思政元素

本模块课程思政建设目标为：通过中华民族五千年悠久历史的建筑案例与故事，帮助学生正确认识中国建筑史的辉煌成就，从而增强历史自信和文化自信，培育讲好中国故事、传播中国声音的底气与能力。基于建筑标准化案例，培养学生精益求精、一丝不苟的工匠精神，以及敢于开拓、善于创新的全球视野。

2.1 建筑装饰设计方案的识读

2.1.1 知识导入

紫禁城是明清时期全国的政治经济中心，世界上最大的木质结构古建筑群。其在明朝初建，共有宫殿 8 千多间，沿一条南北向的中轴线排列，并向两旁展开，南北取直，左右严格对称布置。这条中轴线不仅贯穿在紫禁城内，而且南达永定门，北到鼓楼、钟楼，贯穿了整个城市，体现了帝王权力的设计思想。紫禁城前部东侧是皇帝祭祀祖宗的太庙，西侧是祭祀土神、谷神的社稷坛；前面有朝臣办事的处所，后面有交易市场。景山矗立在紫禁城北，犹如天然屏障。紫禁城西部为皇家园林，东部是南内和诸多为宫廷服务的衙署（现已不存）。通过文字的描述，我们可以感受到紫禁城的恢宏气魄，感悟到明清工匠的精湛技艺，同时这些文字也帮助我们读懂了紫禁城的平面设计方案。那么在建筑装饰中如何准确识读设计方案呢？本节课的学习将会给我们答案。

2.1.2 学习内容

码 2-1 建筑装饰设计方案的识读——PPT

2.1.2.1 建筑装饰设计方案的内容

建筑装饰设计方案包含的内容包括：方案设计说明书、设计图纸、装饰材料表及工程投资估算（概算）书。

1. 方案设计说明书

方案设计说明书是建筑装饰设计文件的重要组成部分，是对建筑装饰装修工程在总体设计方面的文字叙述。

码 2-2 建筑装饰设计方案的识读——微课动画

（1）公共建筑的装饰设计方案说明一般包括：

① 对招标文件、设计委托书或设计合同书的解读；

② 装饰设计的内容、范围及目标；

③ 工程的概况、规模和项目组成；

④ 工程设计中存在的关键问题及解决措施；

⑤ 设计依据及采用现行最新版的国家和地方的行业规程和规定、有关政策、法规、设计规范等的说明；

⑥ 主要技术经济指标，包括建筑面积、主要房间面积和数量等与相关设计方案图纸的说明；

⑦ 方案设计的主要特点说明，包括方案的设计理念、设计构思、设计方法和设计原则，装饰装修风格的特点及呈现效果，以及关于设计所采用的新工艺、新技术、新设备及新材料的相关说明；

⑧ 关于环保节能、防火、室内环境污染控制、材料基本要求及可持续发展方面的说明等。

（2）家装装饰设计方案的说明，基本内容与公共建筑的设计方案说明内容类似，但可根据业主要求和实际情况酌情增减内容。

2. 设计图纸

方案设计图纸包括主要楼层平面图、顶棚平面图、立面图、设计效果图。

3. 装饰材料表

装饰材料表以表格形式列出工程所使用的主要装饰材料，包括材料名称、规格等。

4. 工程投资估算(概算)书

工程投资估算书是造价文件,是决定施工深化设计的辅材与选择构造做法的依据。

2.1.2.2 建筑装饰设计方案的识读流程

建筑装饰施工图是在建筑装饰设计方案的基础上进行深化设计的图纸,正确规范地识读方案设计图有助于建筑装饰施工图的准确绘制,充分表达设计师的设计意图。对方案设计图的识读可以采用读图、分析、资料整理和讨论总结的方法。

建筑装饰设计方案的识读流程如下:

(1)读懂建筑空间的细部结构、已有设施和设备;

(2)对照原始建筑结构图,理解方案设计意图;

(3)读懂方案设计中各空间功能布局;

(4)读懂设计方案中各空间的装饰造型设计;

(5)读懂设计方案中装饰材料在装饰造型中的使用部位及构造设计要求;

(6)通过方案设计说明分析设计方案中未表达的部分内容。

通过识读方案设计说明和效果图可以了解项目的设计风格和主题,将其作为了解空间设计造型、空间色彩、装饰材料及光度照明设计的依据。施工图深化设计应始终遵循方案设计立意,充分表达设计师的意图。

2.1.2.3 建筑装饰设计图纸的识读方法

建筑装饰设计图纸中的平面布置图、顶棚平面图、立面装饰设计图的识读必须对照设计效果图一起识读。根据设计效果图可以更为直观地了解装饰材料的使用部位和装饰造型等装饰设计意图。

1. 平面布置图识读

建筑装饰方案设计的平面图表达应完整详细,包括主要楼层的总平面图、各房间的平面布置图、地面铺装图及天花布置图等。因此平面布置图应认真识读以下内容:

(1)原建筑图中柱网、承重墙以及新发生的柱网和承重墙,需要装饰装修设计的非承重墙、建筑设施及设备;

(2)轴线编号应与原建筑图一致,标明轴线间尺寸、门窗细部尺寸及总尺寸;

(3)装饰设计方案调整后的所有室内外墙体、门窗、管井、电梯和自动扶梯、楼梯和疏散楼梯、阳台等位置;

(4)房间的名称和主要建筑结构部位的尺寸,楼梯的上下方向;

(5)固定和活动的装饰造型、隔断、构件、家具、橱柜、卫生洁具、照明灯具、陈设品以及其他装饰构件和饰品的位置;

(6)门窗、橱柜及装饰柜等的开启方向;

(7)装饰装修材料的名称和规格、装饰装修材料的拼接新工艺、线和分界线等;

(8)室内外地面设计标高和各楼层的地面设计标高。主要平台、台阶、固定台面等有高差处的设计标高；

(9)索引符号、图纸编号、指北针(画于首层总平面图中)、图纸名称和制图比例。

2. 顶棚平面图识读

顶棚平面图是表现原建筑的顶棚、天花建筑构造形式及原建筑的过梁高度尺寸等，因此顶棚平面图应认真识读以下内容：

(1)一般应与平面图一致，标明柱网和承重墙、轴线和轴线编号、轴线间尺寸和总尺寸；

(2)装饰设计调整后的所有室内外墙体、管井、电梯和自动扶梯、楼梯和疏散楼梯、雨棚和天窗等的位置及标注主要尺寸；

(3)照明灯具、防火卷帘、装饰造型、空调风口、窗帘盒以及顶棚上其他装饰造型等的位置及标注主要尺寸；

(4)顶棚的主要装饰材料、材料的拼接线和分界线以及标注造型的尺寸等；

(5)顶棚各位置的设计标高，包括凹凸造型的标高；

(6)索引符号、图纸编号、图纸名称和制图比例。

3. 立面装饰设计图识读

方案设计图纸应包括主要空间的立面图，真实和准确地反映设计意图。通过立面图应认真识读以下的内容：

(1)标明立面范围内的轴线和轴线编号，标注立面图两端轴线之间的尺寸；

(2)绘制剖面的建筑结构(墙体、楼板和梁)；

(3)绘制需要设计的立面，绘制装饰完成面的地面线和装饰完成面的顶棚及其造型线，标注装饰完成面的净高和楼层的层高；

(4)绘制墙面和柱面的装饰造型、固定隔断、固定家具、门窗、栏杆、台阶等立面形状和位置，标注主要部位的定位尺寸；

(5)标注立面装饰装修材料的名称和规格，装饰装修材料的拼接线和分界线以及材料填充图案等；

(6)标注索引符号、图纸编号、图纸名称和制图比例。

4. 分析方案图未表达内容

装饰方案设计文件主要表达建筑室内外空间的设计立意和造型，体现主要的装饰材料、灯光设计、陈设设计等，一般不包括详细的尺寸定位、构造详图及详细图表等内容，且方案图纸的内容和深度还不足以指导施工。在方案识读时需要分析方案图中未表达的内容，以便在后续图纸深化过程中进行详细表达。

2.1.3 课程思考

1. 建筑装饰设计方案的识读内容有哪些？

2. 识读建筑装饰设计方案的要点有哪些？

2.2 建筑装饰工程现场尺寸复核

2.2.1 知识导入

西汉时期，赵充国率兵镇压西北叛乱。他认为用招安的方法比用大军镇压更有效。但此时汉宣帝命令他全线进攻叛军。赵充国犹豫不决之时想起过往经历。昔日，赵充国曾向宣帝建议，让酒泉太守辛武贤去西北驻守，宣帝没有同意，改派义渠安国前去驻守。由于义渠安国不懂军事，汉军连吃败仗。后来，赵充国又向皇帝建议，趁谷价便宜之时，先收购三百万石存于仓库。可是汉宣帝舍不得花钱，只收购四十万石，义渠安国又浪费了许多，收购一策未取得实效。

正是这两件错误的决策，才导致边疆局势日益严重。赵充国想到这些，痛定思痛，说道："真是'失之毫厘，谬以千里'。"于是他奏请汉宣帝，力主撤兵屯田，招安造反之人。宣帝接到奏章，经过深思熟虑，终于同意了赵充国的建议，改用招抚政策，平定了叛乱。

细节性的问题往往会成为致命的问题，对待事物不能忽视细节，微小的事物一旦被忽略就会由小引大，终会造成无可挽回的后果。在建筑装饰过程中，我们必须通过现场尺寸复核来做到万无一失，以一丝不苟的精神对待设计方案。

2.2.2 学习内容

2.2.2.1 建筑装饰工程现场尺寸复核流程

建筑装饰工程的尺寸复核是指依据方案设计图标注的尺寸，对建筑装饰工程现场进行建筑空间与建筑细部结构尺寸的复核，确定准确的尺寸，并对装饰施工现场进行勘测，了解建筑结构存在的不利因素和缺点，以便在下一步的装饰施工图绘制中进行调整和补救。

建筑空间的尺寸复核必须遵循"从整体到局部，先控制后碎部"的原则。复核的内容包括三方面：一是建筑空间尺寸复核，二是建筑细部结构尺寸复核，三是水暖电设备尺寸复核。

码 2-3　设计方案现场尺寸复核——PPT

码 2-4　设计方案现场尺寸复核——微课动画

2.2.2.2 建筑装饰工程现场尺寸复核工具及使用

工欲善其事必先利其器。施工现场尺寸复核离不开测量工具的使用，主要的测量工具有水准测量仪、光学经纬仪、量距工具及激光红外线测距仪等。设计人员应掌握常见测量工具的使用方法。

1. 水准测量仪

水准测量仪是建立水平视线测定地面两点间高差的仪器，简称水准仪。主要部件有望远镜、管水准器(或补偿器)、垂直轴、基座、脚螺旋。水准仪有多种类型，按结构分为微倾水准仪、自动安平水准仪(图2-1)、激光水准仪和数字水准仪，按精度分为精密水准仪和普通水准仪。

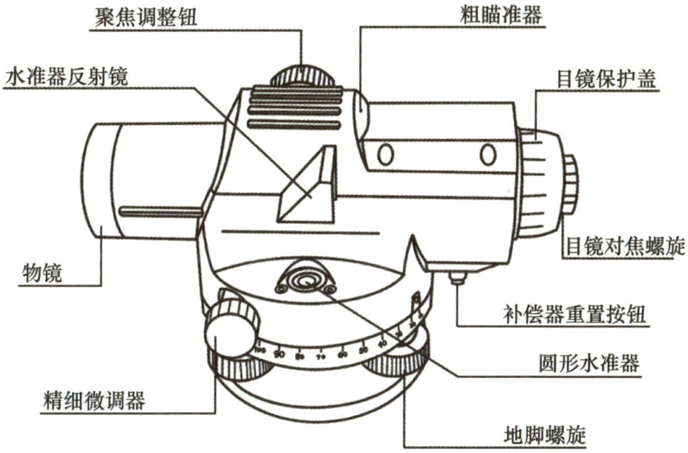

图2-1 自动安平水准仪

2. 光学经纬仪

光学经纬仪的主要功能是测量纵、横轴线(中心线)、垂直度以及水平角度和竖直角度的控制测量等。光学经纬仪主要应用于机电工程建(构)筑物建立平面控制网的测量以及厂房(车间)柱安装铅垂度的控制测量，用于测量纵向、横向中心线，建立安装测量控制网并在安装全过程中进行测量控制(图2-2)。

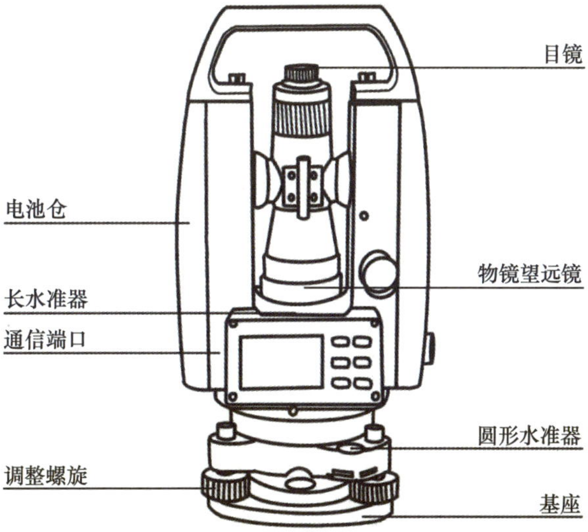

图2-2 光学经纬仪

3. 量距工具

卷尺是直接量距法的主要量距工具，主要有钢卷尺和皮尺两种(图 2-3)，长度通常有 3m、5m、10m、20m、30m、50m。刻度基本单位有 cm 和 mm 两种，在每分米和每米的标尺线处有相应的标记。由于尺上零点位置的不同，有端点尺和刻线尺之分。

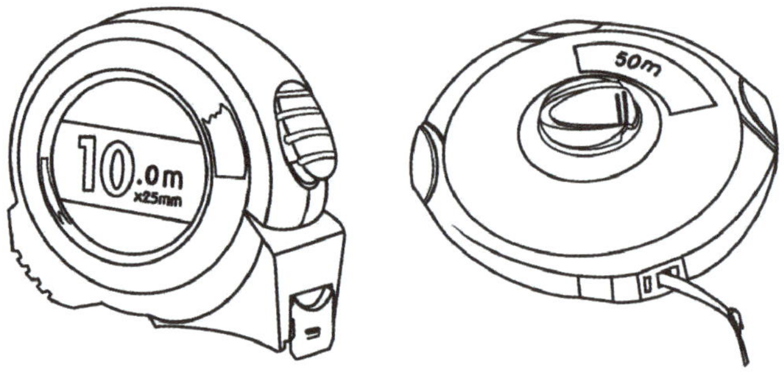

图 2-3　钢卷尺和皮尺

当测量两点之间的距离大于钢卷尺长度，即钢卷尺的长度不能一次量够距离时，可以采用直线定距的方法，在两点连线之间设置多个分段点，使分段点在一条线上，分段量取距离，然后几段距离加起来即可得出要测量的两点距离值。

4. 手持激光红外线测距仪

手持激光红外线测距仪测量距离一般在 200m 内，精度在 2mm 左右，是使用范围最广的激光红外线测距仪。在功能上除能测量距离外，一般还能计算测量物体的面积和体积。可以进行单次测量和连续测量(图 2-4)。

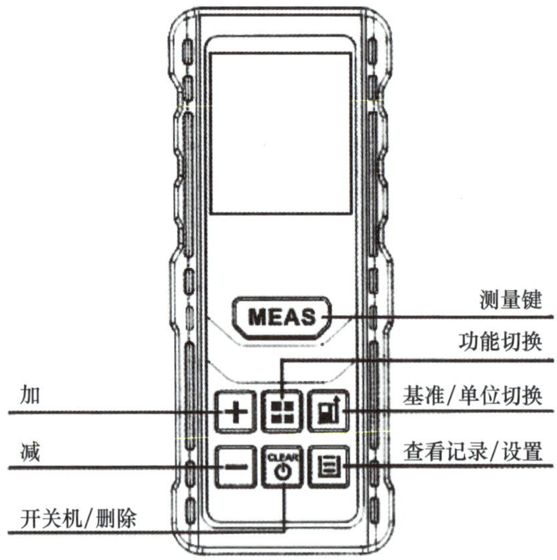

图 2-4　手持激光红外线测距仪

5. 角度尺

数显角度尺可以测量建筑结构的阳角和阴角角度，可测量建筑细部结构与建筑界面的任意角度。高清数字显示，方便读取数据(图 2-5)。

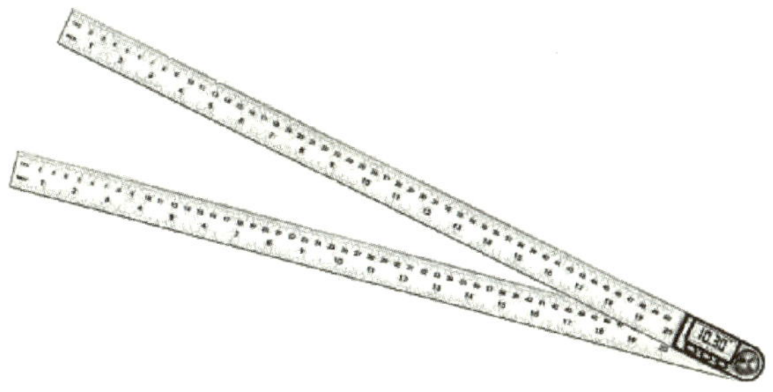

图 2-5　数显角度尺

2.2.2.3　建筑装饰工程现场尺寸复核内容及要求

1. 建筑空间尺寸复核

建筑装饰设计在已有建筑空间中进行表面装饰和装修，建筑物土建部分施工完成后，难免会出现歪斜和不成直角的现象，与建筑施工图的尺寸有误差，这时需要进行尺寸复核，通过装饰设计来弥补建筑空间形态的缺点。建筑空间的尺寸复核包括房间的基本形状复核，各个界面的夹角复核，空间的长、宽、高尺寸复核。

2. 建筑细部结构尺寸复核

建筑空间由建筑细部构成，不同空间功能的需求有不同的建筑空间形态。建筑细部结构形态会影响建筑空间的整体效果，在建筑装饰设计中通常需要通过多种设计手法来处理某些建筑细部结构的缺点。建筑细部结构包括墙体、梁、柱、门窗、管井、楼梯、阳台、雨棚等部分，建筑细部结构的尺寸复核应包括建筑细部结构本身的尺寸复核，包括长、宽、高尺寸复核，建筑细部结构夹角复核，以及与建筑界面的距离与角度复核。

3. 水暖电设备尺寸复核

建筑空间内已有水暖电设备管线敷设及相关洞口预留情况，这些都需要与建筑装饰部分合理设计，既能保证水暖电设备的使用方便，又能保证建筑空间形态的完整与美观统一。水暖电设备尺寸复核包括水管的尺寸及与建筑界面的尺寸复核，上下水洞口的尺寸和预留位置的详细尺寸复核，暖通设备的尺寸及与建筑结构的位置尺寸复核，电气控制设备的尺寸复核等。

2.2.3　课程思考

1. 建筑装饰工程尺寸复核中常用的测量工具有哪些？

2. 建筑装饰工程现场尺寸复核内容有哪些？

2.3 建筑装饰施工图的绘图导入

2.3.1 知识导入

加强标准化工作，实施标准化战略，是我国的一项重要和紧迫的任务。“十四五”规划和2035年远景目标纲要在坚持创新驱动发展、加快发展现代产业体系等多个方面，对标准化工作提出了诸多要求。当前，世界百年未有之大变局进入加速演变期，标准作为创新与竞争的重要手段，日益成为各国博弈焦点。美国、日本、韩国等国家及欧盟各成员国将制定实施标准化战略规划作为重要手段，提升标准化水平、助推技术创新和产业发展。立足国情、放眼全球、面向未来，加强标准化工作，是应对新形势、新挑战，加快标准化改革创新，夯实标准化工作基础，深化标准化国际交流合作，提升标准化对经济社会发展支撑的重要举措，为形成更宽领域、更深层次、更高水平的标准化工作新格局提供了指南。由此可见，标准是一个行业中最具创新引领力的因素，同样制图标准在建筑装饰施工图中具有举足轻重的作用。因此，我们要在学习中制定标准、掌握标准、创新标准。

码 2-5　建筑装饰施工图制图标准——PPT

2.3.2 学习内容

码 2-6　建筑装饰施工图制图标准——微课动画

2.3.2.1 图纸的图幅与图框

1. 图纸的图幅与图框

图纸的幅面是指图纸的大小。国家制图标准对建筑工程的图纸幅面作了规定。图纸的规格有五种，幅面代号为A0、A1、A2、A3、A4。图纸幅面和图框尺寸应符合表2-1的规定。

表 2-1　图纸幅面及图框尺寸

幅面代号 尺寸代号	A0	A1	A2	A3	A4
$B\times L$	841×1189	594×841	420×594	297×420	210×297
c	10			5	
a	25				

在表2-1中，B和L分别代表图纸幅面的短边和长边的尺寸，短边与长边之比为$1:\sqrt{2}$，a代表图框线到装订边的距离，c代表图框线到幅面线的距离。

A0 幅面的面积为 $1m^2$，A1 幅面是 A0 的对开，照此类推其余图幅标准，体现图 2-6 中的规律。

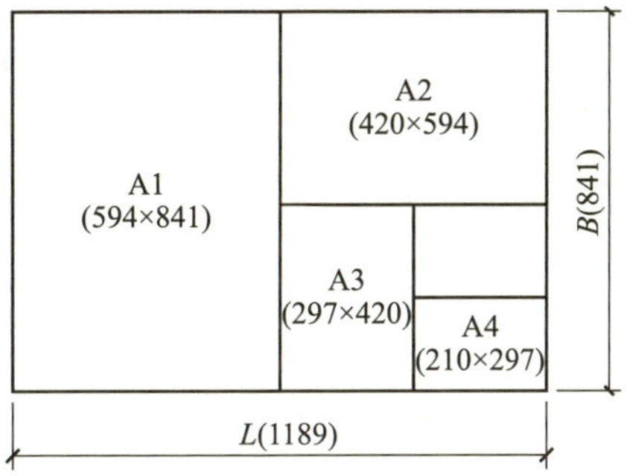

图 2-6 图纸的裁切

图纸以短边作为垂直边称为横式，以短边作为水平边称为立式。一般 A0～A3 图纸宜横式使用，必要时也可以立式使用。建筑装饰装修制图中，各专业所使用的图纸，一般不宜多于两种幅面。

图纸的短边尺寸不应加长，A0～A3 幅面长边尺寸可加长，但应符合表 2-2 的规定。

表 2-2 图纸长边加长尺寸

幅面尺寸	长边尺寸	长边加长后尺寸
A0	1189	1486 1635 1783 1932 2080 2230 2378
A1	841	1051 1261 1471 1682 1892 2102
A2	594	743 891 1041 1189 1338 1486 1635 1783 1932 2080
A3	420	630 841 1051 1261 1471 1682 1892

注：1. 有特殊需要的图纸，可采用 $B \times L$ 为 841mm×891mm 与 1189mm×1261mm 的面。
2. 建筑装饰装修设计图以 A3 为主，居室装饰装修设计图以 A3 为主，设计修改通知单以 A4 为主。

2. 标题栏与会签栏

每张图纸都应在图框下侧或右侧设置标题栏，标题栏是图纸中表示设计情况的栏目。图纸的标题栏(图 2-7)、会签栏及装订边的位置如图 2-8 和图 2-9 所示。

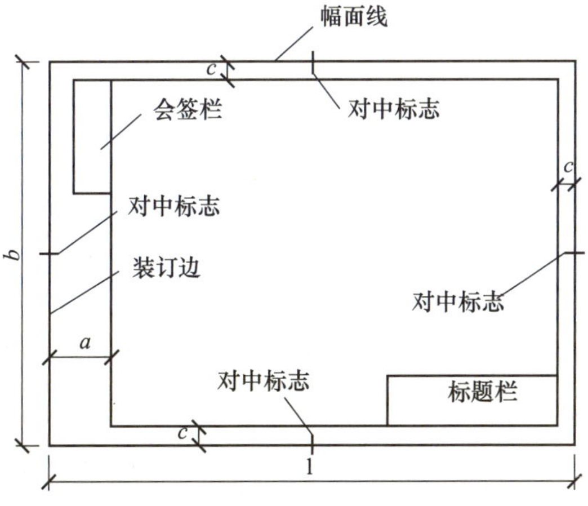

图 2-7 标题栏

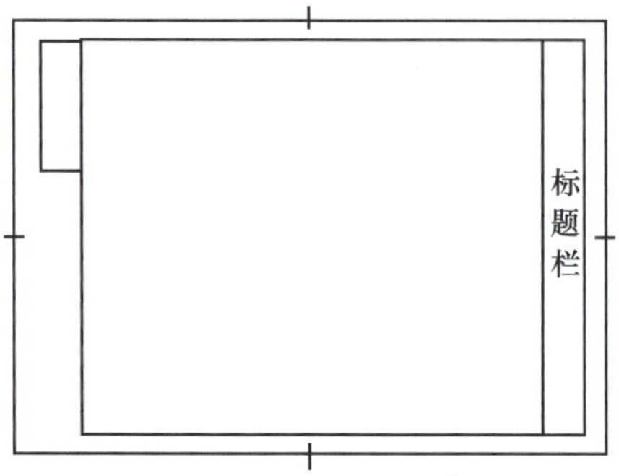

图 2-8　标题栏装订的位置

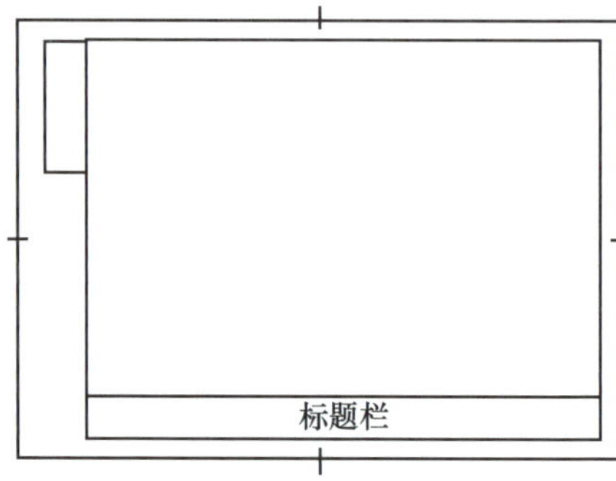

图 2-9　标题栏装订的位置

2.3.2.2　制图比例标准

图形与实物相对应的线型尺寸之比称为图样的比例。比例的大小，是指其比值的大小。如图样某线段长度为 0.1m，而实物上相对应的线段长为 10m，那么它的比例为：图样上线段长度/实物上的线段长度＝0.1/10＝1/100。

施工图中的各个图形，都应标明其比例。比例宜写在图名右侧，字的基准线应取平，其字高宜比图名字高小一号或二号（图 2-10）。

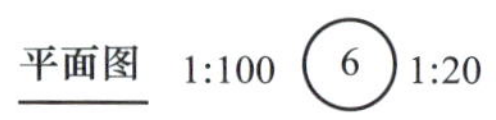

图 2-10　比例的注写

根据所绘制图样的用途及复杂程度，优先选择表 2-3 中常用比例。

表 2-3　绘图所用比例

常用比例	1∶1、1∶2、1∶5、1∶10、1∶15、1∶20、1∶25、1∶30、1∶40、1∶50、1∶75、1∶100、1∶150、1∶200、1∶500
可用比例	1∶3、1∶4、1∶6、1∶8、1∶60、1∶80、1∶250、1∶300、1∶400

2.3.2.3　图层标准

CAD 软件默认有一个图层 0，图层 0 不能删除。如果不进行图层设置，我们绘制的图样都在图层 0 里。可根据不同的对象分类设置图层，例如，设置图层 01-图签、02-标注、03-轴线、04-墙体、05-门窗、06-吊顶、07-地面、08-立面、09-家具等。不同的对象在其对应的图层里进行绘制，图层选项规定了不同图层所使用的线型、颜色等信息。图层设置的目的是方便绘图以及图纸的打印输出。也可以按照其他分类进行图层标准的统一。

2.3.2.4　线型种类

建筑装饰装修制图中的线型有：实线、虚线、单点长画线、双点长画线、折断线和波浪线、点线、样条曲线、云线等，其中有些线型分粗、中粗、中、细四种。图线粗的线宽为 b，可按 0.7b、0.5b、0.25b 确定中粗线、中线和细线的宽度。在绘图时选用下表一种线宽组（表 2-4）。

表 2-4　线宽组

线宽比	线宽组			
b	1.4	1.0	0.7	0.5
0.7b	1.0	0.7	0.5	0.35
0.5b	0.7	0.5	0.35	0.25
0.25b	0.35	0.25	0.18	0.13

2.3.2.5　填充图案标准

常用建筑材料、装饰材料应按国家制图标准图例画法绘制(表 2-5)。

表 2-5　常用建筑装饰装修材料图例

序号	名称	图　例	备　注
1	自然土壤		包括各种自然土壤
2	夯实土壤		—
3	砂、灰土		靠近轮廓线绘制较密的点
4	砂砾石、碎砖三合土		—
5	石材	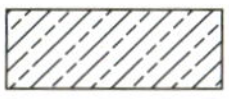	应注明大理石或花岗岩及光洁度
6	毛石		应注明石料块面大小及品种
7	普通砖	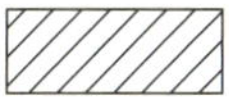	包括实心砖、多孔砖、砌块等砌体。断面较窄不易绘出图例线时,可涂红
8	新砌普通砖	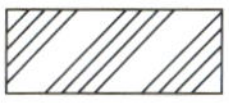	包括实心砖、多孔砖、砌块等砌体。断面较窄不易绘出图例线时,可涂红
9	轻质砌块砖		指非承重砖砌体
10	耐火砖	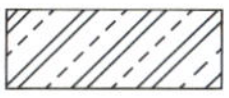	包括耐酸砖等砌体
11	轻钢龙骨纸面石膏板隔墙	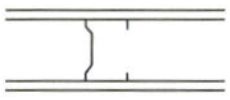	—
12	饰面砖		包括铺地砖、陶瓷锦砖、人造大理石等
13	焦砟、矿渣	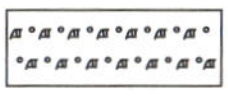	包括与水泥、石灰等混合而成的材料
14	混凝土	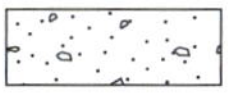	1. 本图例指能承重的混凝土及钢筋混凝土; 2. 包括各种强度等级、骨料、添加剂的混凝土
15	钢筋混凝土	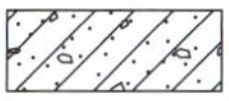	1. 在剖面图上画出钢筋时,不画图例线; 2. 断面图形小,不易画出图例线时,可涂黑
16	多孔材料		包括水泥珍珠岩、沥青珍珠岩、泡沫混凝土、非承重加气混凝土、软木、蛭石制品等
17	纤维材料		包括矿棉、岩棉、玻璃棉、麻丝、木丝板、纤维板等
18	泡沫塑料材料	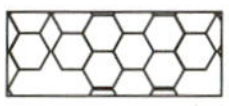	包括聚苯乙烯、聚乙烯、聚氨酯等多孔聚合物类材料
19	松散材料		应注明材料名称

续表

序号	名称	图　　例	备　　注
20	密度板	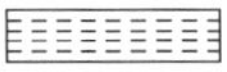	应注明厚度
21	实木	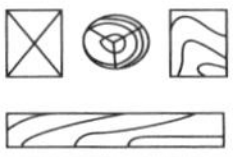	1. 上图为横断面，上左图为垫木、木砖或木龙骨； 2. 下图为纵断面
22	胶合板	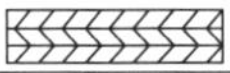	应注明为×层胶合板，材种
23	细木工板	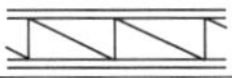	应注明厚度
24	饰面板		应注明材种
25	木地板	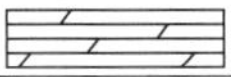	应注明材种
26	石膏板		1. 包括圆孔、方孔石膏板、防水石膏板等； 2. 应注明厚度
27	金属	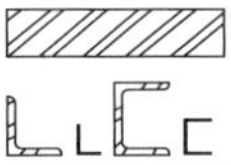	1. 包括各种金属； 2. 图形小时，可涂黑
28	网状材料		1. 包括金属、塑料网状材料； 2. 应注明具体材料名称
29	液体		应注明具体液体名称
30	玻璃砖	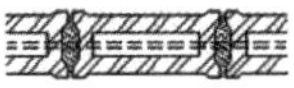	1. 为玻璃砖剖面； 2. 应注明材质、厚度
31	玻璃（剖断面）		1. 为玻璃剖断面； 2. 包括平面玻璃、磨砂玻璃、夹丝玻璃、钢化玻璃、中空玻璃、夹层玻璃、镀膜玻璃等； 3. 应注明厚度
32	镜面		1. 为镜子立面； 2. 应注明材质、厚度
33	玻璃（立面）		1. 为玻璃立面； 2. 应注明材质、厚度
34	磨砂玻璃		1. 为玻璃立面； 2. 应注明材质、厚度
35	夹层（夹绢、夹纸）玻璃	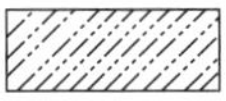	1. 为玻璃立面； 2. 应注明材质、厚度
36	橡胶		应注明天然或人造橡胶
37	塑料		1. 包括各种软、硬塑料及有机玻璃等； 2. 应注明厚度
38	纤维		—
39	硅胶		—
40	软质填充		—
41	地毯	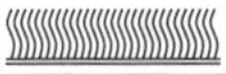	—
42	防水材料		构造层次多或比例大时，采用上面图例
43	粉刷		本图例采用较稀的点
44	窗帘		箭头所示为开启方向

注：序号 1、2、5、7、8、9、10、13、15、16、18、22、24、25、26、27、30、33、34、35、36、39 图例中的斜线、短斜线、交叉斜线等一律为 45°。

2.3.2.6 符号标准

装饰施工图中符号要按规定的画法绘制，装饰装修制图中常见的符号有剖切符号、索引符号、详图符号、引出线以及对称符号与连接符号。

1. 剖切符号

剖切符号是表示图样中剖视位置的符号，分为剖视和断面的两种。

(1)剖视图的剖切符号应符合下列规定：

剖视的剖切符号应由剖切位置线、投射方向线和索引符号组成，如图 2-11 所示。剖切位置线位于图样被剖切的部位，以粗实线绘制，长度宜为 8～10mm；投射方向线平行于剖切位置线，以细实线绘制，一端与索引符号相连，另一端与剖切位置线平行且长度相同。绘制时，剖视的剖切符号不应与其他图线相接触[图 2-11(a)、图 2-11(b)]。

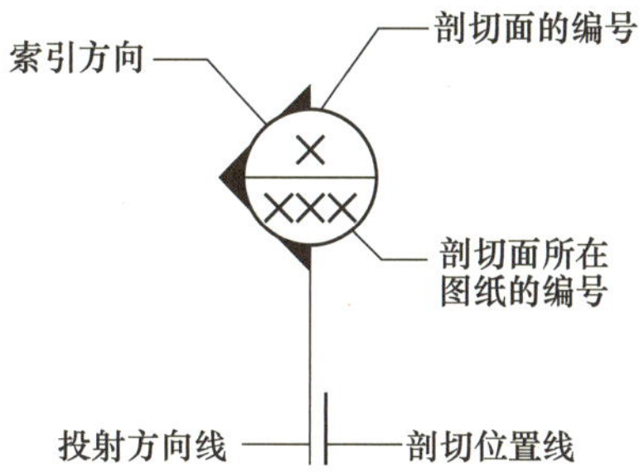

(a) 样式1

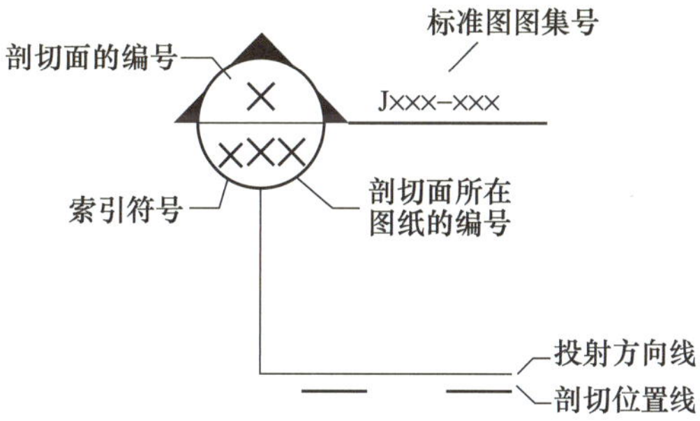

(b) 样式2

图 2-11 剖视剖切符号表示法(1)

剖视剖切符号也可按图(图 2-12)所示标注，剖视剖切符号的编号宜采用阿拉伯数字，按顺序由左至右、由下至上连续编排，并应注写在剖视方向线的端部。需要转折的剖切位置线，应在转角的外侧加注与该符号相同的编号。建筑装饰装修图的剖面符号应标注在要表示的图样上。

(2)断面的剖切符号应符合下列规定：

断面的剖切符号应只用剖切位置线表示，并应以粗实线绘制，长度宜为 6～10mm。断面剖切符号的编号宜采用阿拉伯数字，按顺序连续编排，并应注写在剖切位置线的一侧；编号所在的一侧应为该断面的剖视方向(图 2-13)。

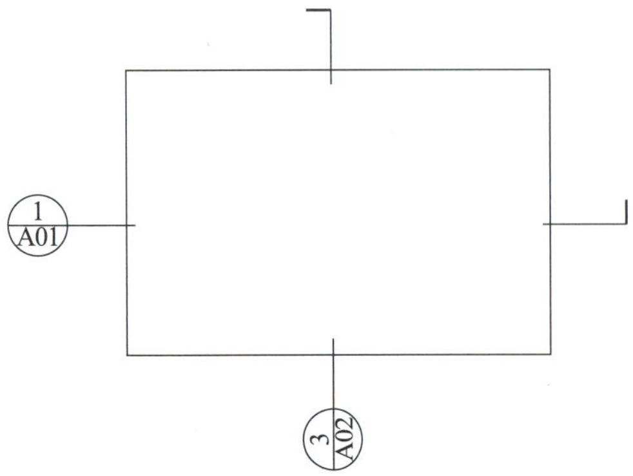

图 2-12 剖视剖切符号表示法(2)

图 2-13 断面剖切符号

2. 索引符号

索引符号是指图样中用于引出需要清楚绘制细部图形的符号,以方便绘图及图纸查找,提高制图效率。

建筑装饰装修制图中的索引符号可表示图样中某一局部或构件[图 2-14(a)],也可表示某一平面中立面的所在位置[图 2-14(b)],索引符号是由直径为 10mm 的圆和水平直径组成,圆及水平直径均应以细实线绘制。室内立面索引符号根据图面比例圆圈直径可选择 8~12mm。

索引符号应按规定编写:

(1)索引出的详图,如与被索引的详图同在一张图纸内,应在索引符号的上半圆中用阿拉伯数字或字母注明该详图的编号,并在下半圆中间画一段水平细实线[图 2-14(c)]。

(2)索引出的详图,如与被索引的详图不在同一张图纸内,应在索引符号的上半圆中用阿拉伯数字或字母注明该详图的编号,在索引符号的下半圆中用阿拉伯数字或字母注明该详图所在图纸的编号[图 2-14(d)]。数字较多时,可加文字标注。

(3)索引出的详图,如采用标准图,应在索引符号水平直径的延长线上加注该标准图册的编号[图 2-14(e)]。

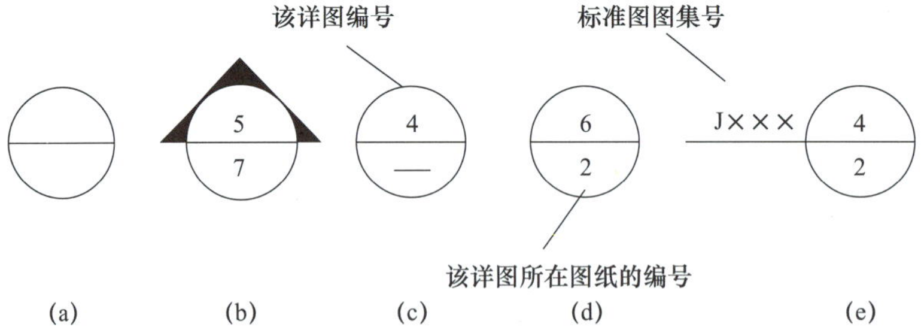

图 2-14 索引符号

(4)索引符号如用于索引剖视详图(图 2-15),应在被剖切部位绘制剖切位置线,并以引出线引出索引符号,引出线所在的一侧应为投射方向(图 2-16)。

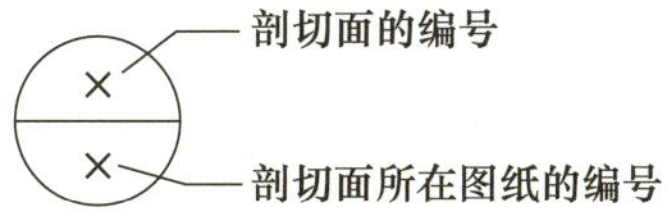

图 2-15 剖切索引符号编写

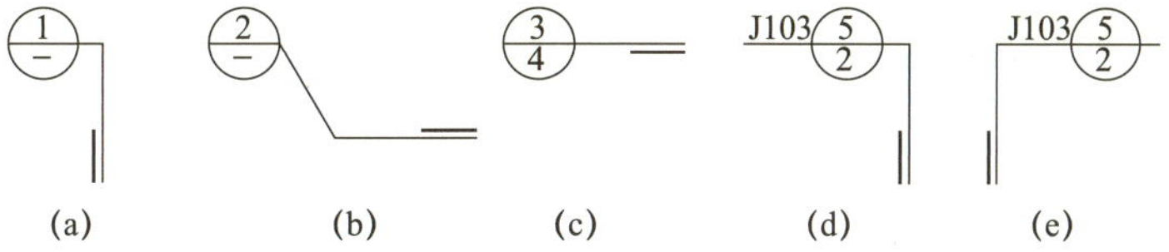

图 2-16 剖切索引符号排版方式

(5)索引符号如用于索引立面图,立面图投视方向应用三角形所指方向表示。三角形方向随立面投视方向而变,索引符号编写如图 2-17 所示,但圆中水平直线、数字及字母字体方向不随索引方向改变(图 2-17)。

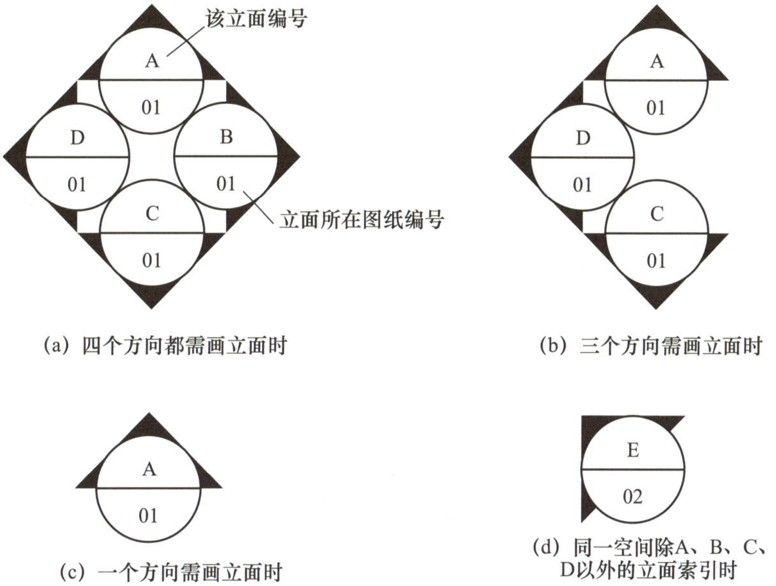

图 2-17 立面索引符号图

(6)在平面图中,进行平面及立面索引符号标注,应注明房间名称并在标注上表示出代表立面投影的 A、B、C、D 等各方向,其索引点的位置应为立面图的视点位置;A、B、C、D 等各方向应按顺时针方向排列,当出现同方向、不同视点的立面索引时,应以 A1、B1、C1、D1 等表示以示区别,照此类推(图 2-18)。

平面图中 A、B、C、D 等方向所对应的立面,一般按正投影绘制。在平面上表示立面索引符号示例。

(7)索引符号如用于图样中某一局部大样图索引,应以引出圈将需被放样的大样图范围完整圈出,并以引出线引出索引符号。范围较小的引出圈以圆形细虚线绘制,范围较大的引出圈以有弧角的矩形细虚线绘制(图 2-19)。

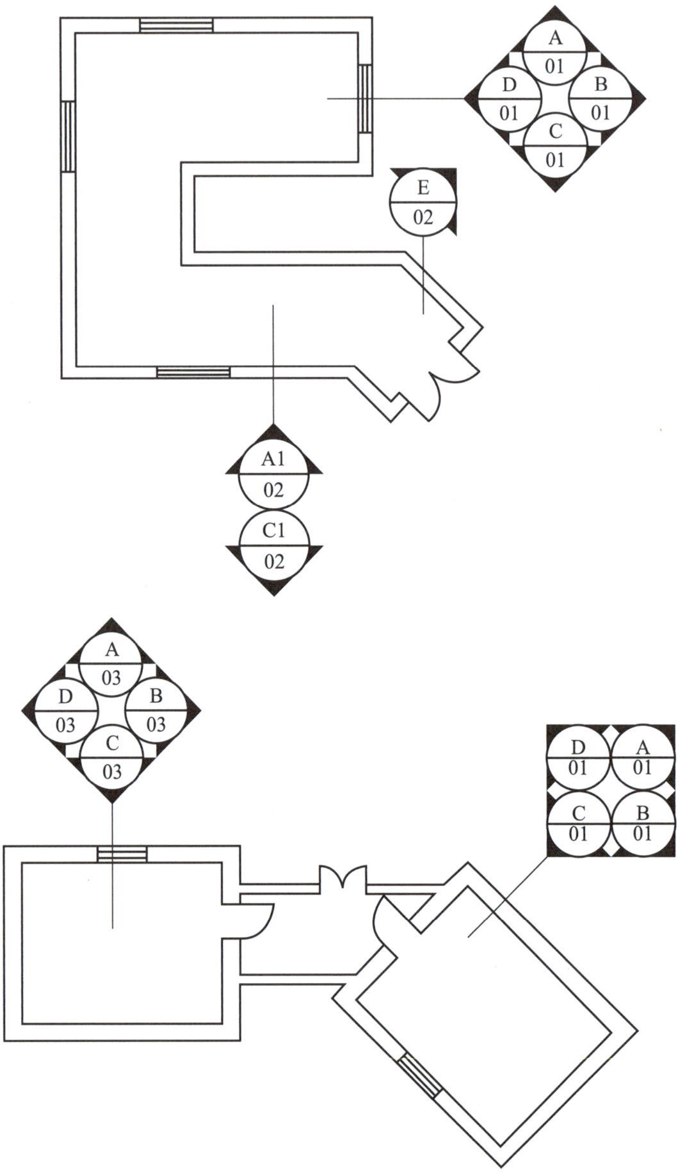

图 2-18　立面索引符号的绘制

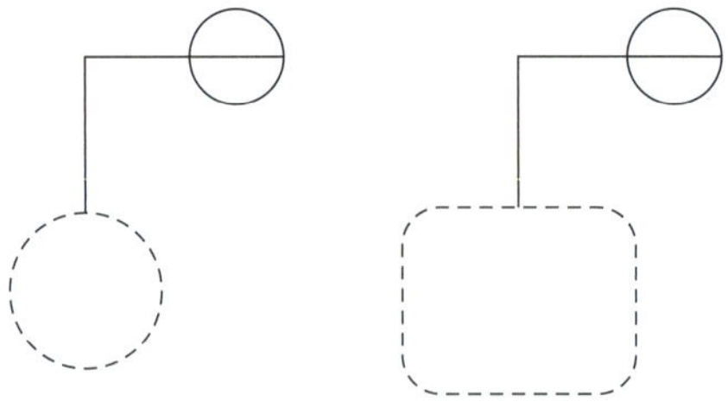

图 2-19　大样图索引符号

(8)设备索引符号应由正六边形、水平内径线组成,六边形、水平内径线应以细实线绘制。六边形长轴可选择 8～12mm。正六边形内应注明设备编号及设备品种代号(图 2-20)。

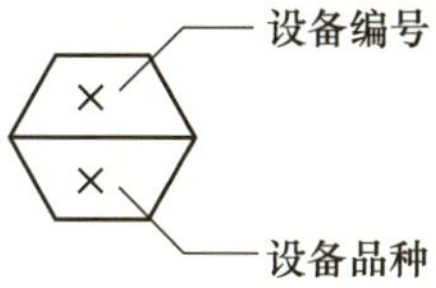

图 2-20　设备索引符号

3. 详图符号

详图的位置和编号,应以详图符号表示。详图符号的圆应以直径为 14mm 粗实线绘制。详图应按下列规定编号:

(1)详图与被索引的图样同在一张图纸内时,应在详图符号内用阿拉伯数字或字母注明详图的编号(图 2-21)。

图 2-21　与被索引图样在同一张图纸内的详图符号

(2)详图与被索引的图样不在同一张图纸内,应用细实线在详图符号内画一水平直线,在上半圆中注明详图编号,在下半圆中注明被索引的图纸的编号(图 2-22)。

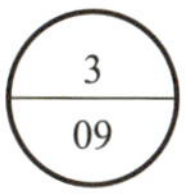

图 2-22　与被索引图样不在同一张图纸内的详图符号

4. 引出线

(1)引出线应以细实线绘制,采用水平方向的直线绘制,与水平方向成 30°、45°、60°、90°的直线绘制,或同时引出几个相同部分的引线。同时引出的几个相同部分的引出线,宜相互平行,也可画成集中于一点的放射线。引出的文字说明宜注写在水平线的上方或端部。索引详图的引出线应与水平直径线相连接(图 2-23)。

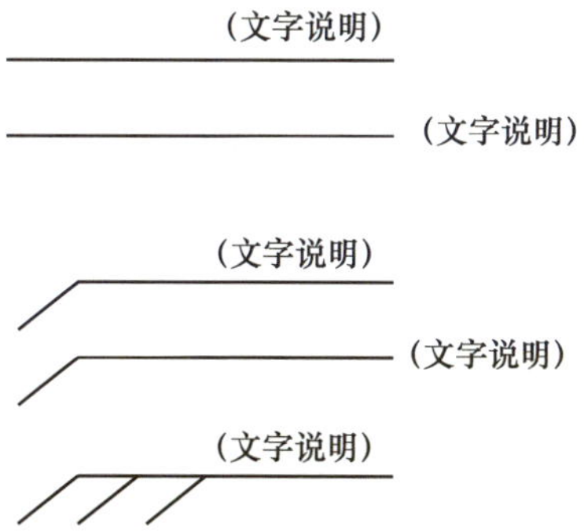

图 2-23　引出线文字说明的注写方式

(2)多层构造共用引出线应通过被引出的各层,文字说明注写顺序应由上至下,并与被说明的层次互相一致。且注写在水平线的上方,或注写在水平线的端部(图 2-24)。

如层次为横向排序,则由上至下的文字说明顺序应与左至右的层次互相一致(图 2-25)。

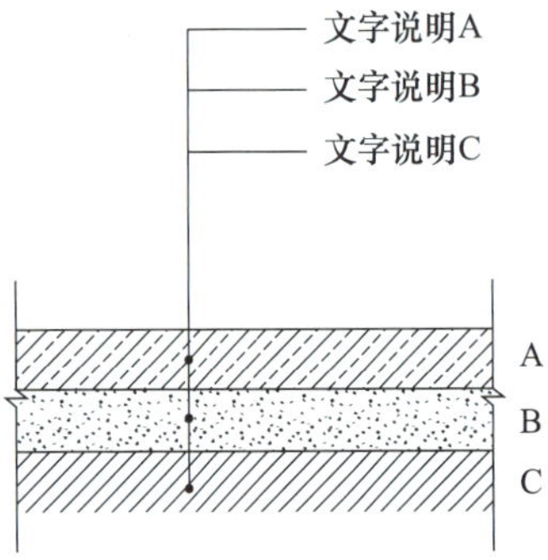

图 2-24 多层构造引出线(1)

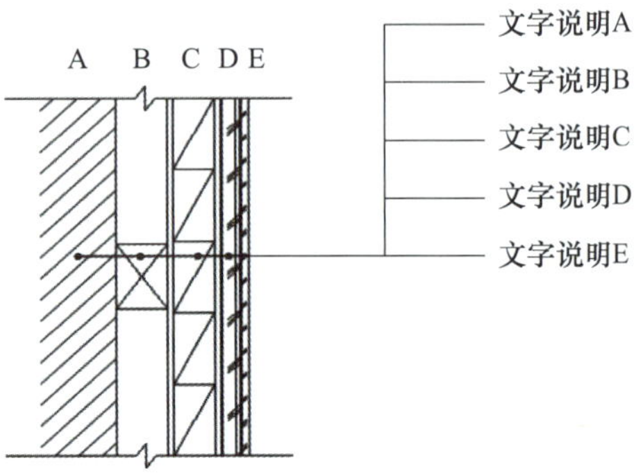

图 2-25 多层构造引出线(2)

5. 标高符号

(1)标高符号应以等腰直角三角形表示,并应按图 2-26(a)所示形式用细实线绘制。如标注位置不够,也可按图 2-26(b)所示形式绘制。标高具体画法可按图 2-26(c)和图 2-26(d)所示形式绘制。

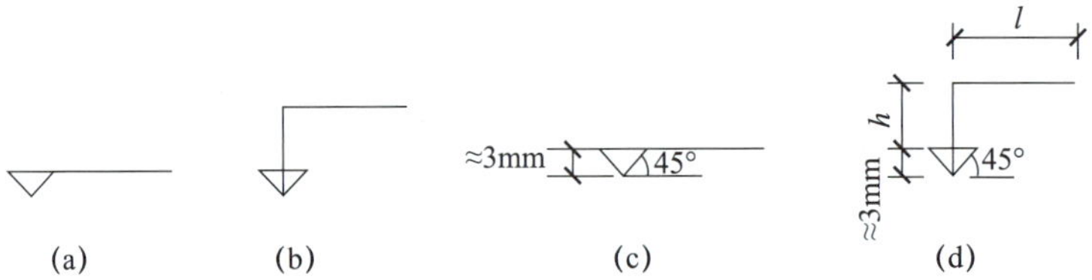

图 2-26 标高符号

(2)总平面图的室外地坪标高符号,宜用涂黑的三角形表示(图 2-27)。

(3)标高符号的尖端应指至被注高度的位置。尖端一般向下,当无法注写时,可采用尖端向上。标高数字应注写在标高符号的上侧或下侧(图 2-28)。

图 2-27 总平面图室外地坪标高符号

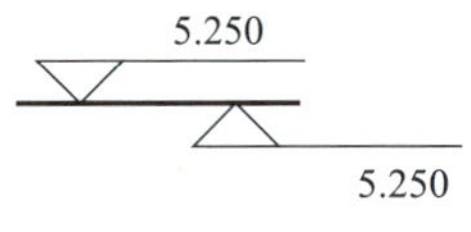

图 2-28 标高符号

(4)标高数字应以米为单位,注写到小数点以后第三位。在总平面图中,注写到小数点以后第二位。

(5)零点标高应注写成“±0.000”(图 2-29);正数标高不注“+”;负数标高注“-”(图 2-30)。

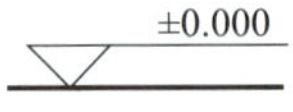

图 2-29 零点标高注写形式

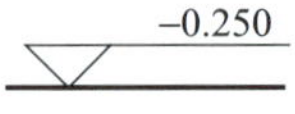

图 2-30 负数标高注写形式

(6)同一位置需表示几个不同标高时，标高数字可按下面形式注写(图 2-31)。

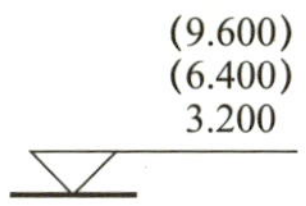

图 2-31　同一位置表示几个不同标高的注写形式

6. 其他符号

(1)对称符号

对称符号由对称线和两端的两对平行线组成。对称线用细单点长划线绘制；平行线用细实线绘制，其长度宜为 6～10mm，每对的间距宜为 2～3mm；对称线垂直平分于两对平行线，两端超出平行线宜为 2～3mm(图 2-32)。

(2)连接符号

连接符号应以折断线表示需连接的部位。两部位相距过远时，折断线两端靠图样一侧应用大写拉丁字母表示连接编号。两个被连接的图样必须用相同的字母编号(图 2-33、图 2-34)。

图 2-32　对称符号

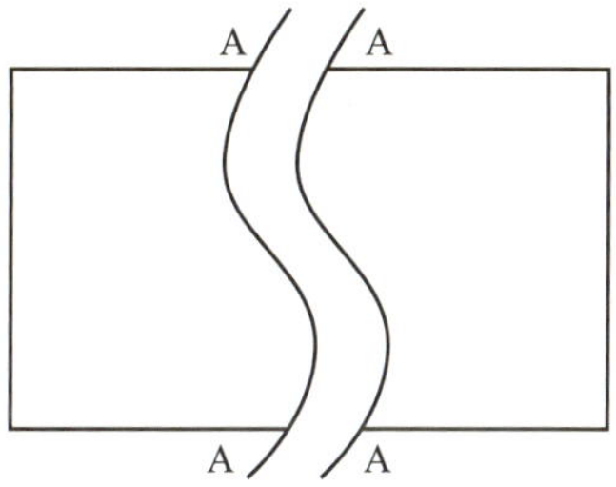

图 2-33　连接符号(1)

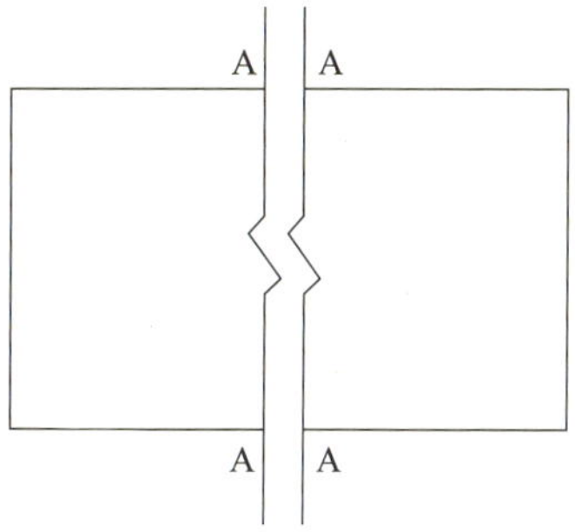

图 2-34　连接符号(2)

(3)指北针

指北针的形状如图 2-35 所示，其圆的直径宜为 24mm，用细实线绘制；指针尾部的宽度宜为 3mm，指针头部应注“北“或“N”字。需用较大直径绘制，指针尾部宽度宜为直径的 1/8 。指北针应绘制在首层建筑平面图上，并放在明显位置，所指的方向应与建筑平面图一致(图 2-35)。

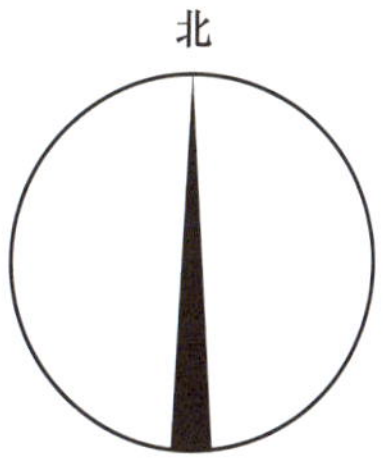

图 2-35　指北针

2.3.3　课程思考

1. 制图规范中关于图纸的图幅和图框规定有哪些？
2. 绘制建筑装饰施工图为什么要设置图层？
3. 绘制建筑装饰施工图会用到哪些线型？请简述线型线宽的主要用途。
4. 建筑装饰施工图中常见的符号有哪些？

2.4 实训任务

2.4.1 任务目的

通过现场尺寸复核开展课程实训，掌握测量工具的使用方法，充分理解现场尺寸复核的必要性，掌握现场尺寸复核的内容和要求。能够独自完成现场尺寸复核的工作。

码 2-7 实训任务书

2.4.2 任务要求

1. 掌握测量工具的使用方法。
2. 掌握现场尺寸复核的内容及要求。
3. 理解现场尺寸复核的重要性，对尺寸复核的内容、要求和方法等进行实践验证。

2.4.3 任务内容

现场尺寸复核的任务内容见表 2-6。

表 2-6 现场尺寸复核的任务内容

实训任务	居室空间尺寸复核
工作方法	1. 根据某居室空间设计方案，给出现场尺寸复核要求； 2. 学生制定现场尺寸复核方案，按照现场尺寸复核的内容和要求，按照设计方案图及绘制的测量图完成现场尺寸复核内容，形成一套尺寸图； 3. 对照方案设计图和现场尺寸测量图，分析现场尺寸与方案有误差和缺失的部分，写出现场尺寸复核说明书； 4. 完成实训后，学生自评，教师点评。
工作工具	水准测量仪、光学经纬仪、激光红外线测距仪、卷尺、角度尺、记录本、笔。
工作内容	1. 识读设计方案，理解方案设计意图； 2. 确定现场尺寸复核方案； 3. 制定现场尺寸复核计划； 4. 对建筑结构、建筑细部结构、水暖电设备现场尺寸复核； 5. 分析现场尺寸误差部分和尺寸缺少部分； 6. 完成现场尺寸复核说明书； 7. 对现场尺寸复核说明书进行自审。

2.4.4 评价标准

1. 对现场尺寸复核理论知识的掌握(30 分)

(1)认识测量工具和测量工具的使用方法(15 分)。

(2)现场尺寸复核的内容及要求(15 分)。

2. 能够准确完成现场尺寸复核(50 分)

(1)具备测量工具的使用能力(15 分)。

(2)具备现场尺寸复核的能力(25 分)。

(3)具备现场尺寸复核分析总结能力(10 分)。

3. 现场尺寸复核思维能力与团队协作能力(20 分)

(1)具备查找问题的能力,能及时发现问题(10 分)。

(2)具备解决问题的能力,能协调解决问题(10 分)。

模块 2

实训实操

3 建筑装饰施工图深化设计

学习重点、难点

学习重点：树立正确制图的理念；能够理解建筑装饰施工构造，且可以举一反三绘制施工图，把握施工图深化制图要点。

学习难点：了解建筑装饰施工图的绘制内容及要求，并通过对建筑装饰的材料和施工构造要求的理解绘制建筑装饰施工图。

学习目标

理解建筑装饰构造的施工做法，熟悉建筑装饰施工图绘制要求。能够按照项目要求独立完成建筑装饰的构造深化设计并根据项目要求正确完成建筑装饰施工图的绘制。

思政元素

中华人民共和国成立以来，尤其是改革开放以来，中国特色社会主义的伟大实践所取得的举世瞩目的成就，学生通过"两个确立""四个自信""爱国主义"等方面的教育，激发了爱党、爱国、爱社会主义的深厚情怀。通过中国特色社会主义取得伟大成就背后的文化优势，向学生传播和弘扬中华优秀传统文化、革命文化和社会主义先进文化。

3.1 建筑装饰施工图封面目录说明系统

3.1.1 知识导入

无产阶级革命家、国务院时任副总理陶铸同志曾经说过，在行文过程中，目的确定以后，最好先拟定目录。按照目录写稿子，有多样的好处：一是可以帮助你组织材料；二是可以使你想问题周到;三是可以避免错漏。这段话告诉了我们拟制目录的重要性。施工图与写稿子虽有差异,但本质上是相同的,我们提前将目录列出,可以减少施工图错漏,同样也方便施工图使用者查阅,大大提升工作效率,是协同配合、团队作业的关键一环。在日常学习和工作中要注重培养自己的团队精神,这会让我们的工作事半功倍。

3.1.2 学习内容

3.1.2.1 封面

1. 封面的作用

封面能准确直观地表达项目名称、地理位置信息、编制单位(暗标例外)及出图日期等信息。

2. 封面的内容

建筑装饰施工图封面应写明建筑装饰装修工程项目名称、编制单位名称、专业及设计深度、设计证书号、编制日期等,封面上应盖设计单位设计专用章。

图纸封面图幅应参照项目图纸图幅,字体大小按图幅标准做适当调整。

码 3-1 建筑装饰施工图封面目录说明系统——PPT

码 3-2 建筑装饰施工图封面目录说明系统——教学录屏

3.1.2.2 图纸目录

1. 图纸目录的作用

(1)目录是整套图纸的提炼和浓缩,具有极强的概括性,能快速索引至相关内容详情页。

(2)阅读目录能够了解全套图纸的构成、图纸编号和数量,从整体上把握整套图纸的结构布局,清楚地了解整套图纸各层级之间的逻辑关系。

(3)通过目录可方便地查找到所需图纸。

2. 图纸目录的内容

图纸目录应包括:图纸序号、图别图号、图纸名称、图纸幅面、备注等,还可以根据需要增设图纸比例、版本号、图纸修正日期等,见表 3-1。

表 3-1 图纸目录

图纸目录的内容说明	序号 NO.	图号 SHEET NO.	图名 DESCRIPTION	修正 REVISON	图幅 SHEET	备注 REMARK
封面目录说明系统	01	图纸-00	图纸封面		A3	
	02	图纸-01	图纸目录		A3	
	03	图纸-02	施工图设计说明		A3	
	04	图纸-03	装饰材料说明		A3	
	……	……	……		A3	

续表

图纸目录的内容说明	序号 NO.	图号 SHEET NO.	图名 DESCRIPTION	修正 REVISON	图幅 SHEET	备注 REMARK
平面图	05	P-01	原始平面图		A3	
	06	P-02	拆除平面图		A3	
	07	P-03	新建墙体平面图		A3	
	08	P-04	平面布置图		A3	
	……	……	……		A3	
立面图	××	L-01	客厅、餐厅立面图(一)		A3	
	××	L-02	客厅、餐厅立面图(二)		A3	
	××	L-03	过道立面图		A3	
	××	L-04	主人房立面图		A3	
	……	……	……		A3	
装饰详图	××	Z-01	地面铺装详图		A3	
	××	Z-02	墙面装饰详图		A3	
	……	……	……		A3	

目录中图号的命名方式为英文简写(或汉语拼音首写字母简写). 序号,也可根据项目的复杂程度增加图纸图号编号对应的内容。如平面图的图号命名:英文简写(汉语拼音首字母)、楼层信息、分区代号。例:P. 2F. A. 01—08,文件名解析:第 2 层 A 区域编号从 01 到 08 的平面图。

3.1.2.3 施工图设计说明

1. 施工图设计说明的作用

施工图设计说明有助于了解当前项目概况、设计所参照的规范和标准、施工工艺、材料使用与验收标准,并对本套图纸的识图进行解读。

2. 施工图设计说明的内容

施工图设计说明是设计文件的重要组成部分,对建筑装饰装修工程在总体设计方面的文字叙述,一般简洁明了、重点突出。参照《建筑工程设计文件编制深度规定(2016)》(建质函〔2016〕247 号)的要求,装饰施工图设计总说明应包括以下内容:

(1)设计依据:施工图设计的依据性规范验、文件与批文。

(2)工程项目概况:包括工程的名称、具体位置、工程建筑面积、建筑装饰装修设计的范围和主要内容、本工程的建筑防火分类、耐火等级和民用建筑室内环境污染控制分类,以及需要介绍的其他情况。

(3)设计说明:分一般说明与分项说明。一般说明描述设计标高,相对标高与绝对标高的关系及其他；分项说明按各分项工程主要描述相关部位设计的主要特点：包括装饰装修的特点及效果，关于设计所采用的新技术、新工艺、新设备和新材料的说明，关于防火、环保节能、生态利用以及可持续发展方面的说明等。

(4)装饰装修材料选用要求：材料选用要求的文字说明，也可直接在图纸上引注。

(5)图例说明：材料标注代号、常用材料图例、建筑装饰装修施工图设计常用设备图例、建筑装饰装修施工图设计电气开关、插座图例、建筑装饰装修施工图设计常用灯具图例、图纸索引标志参考图例等。

(6)装饰装修工程施工技术要点：按各分项工程主要描述相关部位施工工艺及技术要点。

(7)其他说明。

家装装饰装修设计方案的说明，根据业主要求和实际情况可以酌情增减。

3.1.2.4 装饰材料表

1. 材料表的作用

装饰材料表是反映全套装饰施工图中装饰用材的详细表格，能针对当前项目不同施工区域工艺提供快速预算与索引。

2. 材料表的内容

材料表的组成内容包括：材料类型、材料类别代号、材料编号、材料详细的中文名称(可对其视觉和物理特征配以适当的文字描述)、有些产品需特别注明厂家、型号、货号及品牌，见表 3-2。

表 3-2 常用材料名称缩写及编号表

代码	英文名称	中文名称	代码注释	分类编号	分类材料名称示例及说明
FB	Fabric	布料	包括各种布料、织物制品	FB-1	—
				FB-2	—
GL	Glass	玻璃	包括各种普通玻璃、特种玻璃、工艺玻璃等	GL-1-×	清玻璃(透明玻璃)，×为玻璃厚度编号
				GL-2-×	烤漆玻璃，×为玻璃厚度编号
				GL-3-×	磨砂玻璃，×为玻璃厚度编号
				GL-4-×	钢化玻璃，×为玻璃厚度编号
				GL-5	夹层玻璃
				GL-6	裂纹玻璃
FL	Floor	地面处理	包括除石材外的各种材质的地面处理	FL-1	强化复合地板
				FL-2	地毯
				FL-3	防静电活动地板
				FL-4	环氧树脂涂布地面
				FL-5	橡胶地板
				FL-6	塑料地板

续表

代码	英文名称	中文名称	代码注释	分类编号	分类材料名称示例及说明
WD	Wood	木材	包括各种天然实木及人造木质饰面复合板材	WD-1-×	实木木方,×为木方断面规格编号
				WD-2-×	实木地板,×为板材规格编号
				WD-3-×	实木板材,×为板材厚度编号
				WD-4-×	实木线条,×为木线条规格编号
				WD-5-×	饰面胶合板,×为板材厚度编号
				WD-6-×	复合饰面板,×为板材厚度或规格编号
WC	Wall Covering	壁纸	包括各种墙纸、墙布及墙毯	WC-1-×	壁纸,×为壁纸颜色或花纹的编号
				WC-2-×	壁布,×为壁布颜色或花纹的编号
				WC-3-×	壁毯,×为壁毯颜色或花纹的编号
LA	Laminate	胶合板	包括各种人造多层胶合板	LA-1-×	胶合板,×为胶合板厚度编号
				LA-2-×	细木工板(木芯板),×为板材厚度编号
				LA-3-×	密度板,×为板材厚度编号
				LA-4-×	刨花板,×为板材厚度编号
PL	Plasterboard	石膏板	包括各种石膏制品的板材、线条	PL-1-×	装饰石膏板,×为石膏板规格编号
				PL-2-×	普通纸面石膏板,×为石膏板厚度编号
				PL-3-×	防水纸面石膏板,×为石膏板厚度编号
				PL-4-×	普通石膏装饰线条,×为石膏线条规格编号
				PL-5-×	防水石膏装饰线条,×为石膏线条规格编号
CT	Ceramic Tile	瓷砖	包括各种规格的陶瓷砖、陶瓷锦砖	CT-1-×	普通墙面砖,×为墙面砖规格或颜色编号
				CT-2-×	普通地砖,×为地砖规格或颜色编号
				CT-3-×	防滑地砖,×为地砖规格或颜色编号
				CT-4-×	陶瓷锦砖,×为陶瓷锦砖规格或颜色编号
				CT-5-×	陶瓷墙面腰线砖,×为墙面砖规格编号
PT	Painting	涂料	包括各种油漆、涂料	PT-1-×	乳胶漆,×为乳胶漆颜色编号
				PT-2-×	防水乳胶漆,×为乳胶漆颜色编号
				PT-3-×	其他喷涂材料,×为喷涂材料颜色编号
				PT-4-×	油漆饰面,×为油漆类型编号
ST	Stone	石材	包括各种规格的大理石和花岗岩	ST-1-×	大理石板,×为大理石板品种或厚度编号
				ST-2-×	花岗岩板,×为花岗岩板品种或厚度编号
				ST-3-×	大理石装饰线条,×为大理石线条品种或规格编号
				ST-4-×	花岗岩装饰线条,×为花岗岩线条品种或规格编号
				ST-5-×	人造石材板,×为人造石材板品种或厚度编号

续表

代码	英文名称	中文名称	代码注释	分类编号	分类材料名称示例及说明
SW	Sanitary Ware	洁具	包括各种卫浴洁具成品	SW-1-×	洗面盆,×为洗面盆类型或规格编号
				SW-2-×	坐便器,×为坐便器类型或规格编号
				SW-3-×	蹲便器,×为蹲便器类型或规格编号
				SW-4-×	浴缸,×为浴缸类型或规格编号
				SW-5-×	淋浴房,×为淋浴房类型或规格编号
LI	Light	灯具	包括各种类型的灯具	LI-1-×	吊灯,×为吊灯规格编号
				LI-2-×	吸顶灯,×为吸顶灯规格编号
				LI-3-×	筒灯,×为筒灯规格编号
				LI-4-×	射灯,×为射灯规格编号
				LI-5-×	台灯,×为台灯规格编号
AR	Art	艺术品	包括各种材质的艺术挂件、摆设	AR-1	各种工艺制品挂件、装饰画
				AR-2	各种工艺制品摆件
LF	Loose Furniture	活动家具	包括各种类型的定制家具	LF-1-×	沙发,×为沙发面料编号
				LF-2-×	茶几,×为茶几的材质或规格编号
				LF-3-×	桌子(书桌、餐桌等),×为桌子的材质或规格编号
				LF-4-×	椅子,×为椅子的材质或规格编号
				LF-5-×	矮柜,×为矮柜的材质或规格编号
				LF-6-×	立柜(书柜、衣柜、储物柜等),×为立柜的材质或规格编号
FF	FixedFurniture	固定家具	包括各种类型的现场制作的固定家具	FF-1-×	立柜(书柜、衣柜、储物柜等),×为立柜的材质或规格编号
				FF-2	其他固定家具
MT	Metal	金属	包括各种金属装饰板材、管材和型材	MT-1-×	不锈钢板材饰面,×为板材壁厚编号
				MT-2-×	不锈钢管材,×为管材规格编号
				MT-3-×	轻钢型材,×为型材规格或壁厚编号
				MT-4-×	钢板,×为钢板壁厚编号
				MT-5-×	钢制型材,×为钢制型材规格或壁厚编号
				MT-6-×	铝合金型材,×为铝合金型材规格或壁厚编号

3. 材料编号组成形式

材料分类编号组合:材料代码+分类编号+材料名称或材质或颜色或规格等,如图 3-1 所示。

石材名称编号示例见表 3-3。

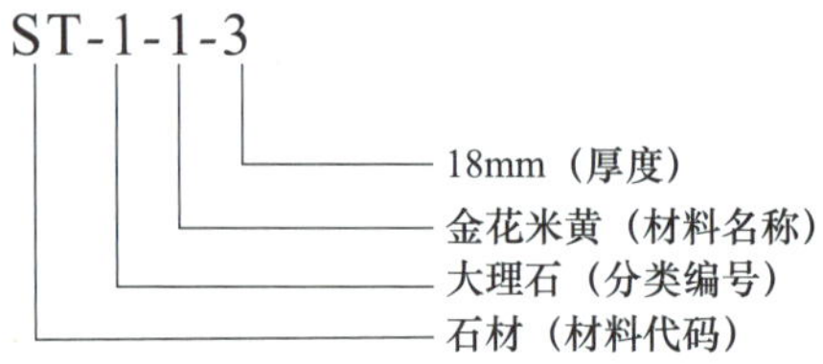

图 3-1 材料分类编号示例

表 3-3 石材名称编号

材料名称	金花米黄	金线米黄	银线米黄	粉蝶米黄	莎安娜米黄	西班牙米黄
编号	1	2	3	4	5	6

石材厚度编号示例见表 3-4。

表 3-4 石材厚度编号

材料厚度	30mm	20mm	18mm
编号	1	2	3

当工程项目材料分类品种较少或单一的情况下，材料分类编号可简化，只列出编号前两项，例如：ST-1。

3.1.2.5 图例说明表

1. 图例说明表的作用

图例是对图纸中出现的相关专业图块进行的解释说明，反映全套装饰施工图中所运用的各个专业相应的内容，在施工图绘制过程中可直接调用，以保证图纸图面的统一性和规范性。

2. 图例说明表的内容

建筑装饰装修施工图图例说明表根据专业可以分为材料标注代号、常用材料图例、常用设备图例、电气开关与插座图例、常用灯具图例、图纸索引标志参考图例等。

图例说明表的组成内容根据专业的不同有所区别，应当包含相应的设备（材料）名称、图例与图示、基本参数、必要的文字说明等。图例说明也会附在相应内容的图纸当中，便于施工图纸的识读。

3.1.3 课程思考

1. 施工图设计说明的作用是什么？
2. 施工图设计说明的内容有哪些？

3.2 建筑装饰施工图平面图的绘制

3.2.1 知识导入

抗战期间，中共中央华中局及新四军军部在黄花塘运筹帷幄，决胜千里，领导军民粉碎了敌人的多次进攻，发展和巩固了苏南、苏中、苏北、淮南、淮北、鄂豫皖、皖江、浙东等敌后抗日根据地，顺利地完成从相持到反攻的伟大转折。黄花塘新四军军部陈列馆包括革命文物陈列厅、图片资料展览厅、书画陈列厅和影视放映厅。建筑平面布局采用“九宫格”，通过纪念长墙来分隔室内外空间。入口处的圆形长廊围合纪念广场，成为室内外空间的自然过渡。陈列馆建筑造型在强调其标志性、纪念性的同时，尊重军部旧址的建筑风格，结合当地民居特色，布局新颖独特，目前已成为当地重要的爱国主义教育的基地之一。同学们要在日常学习生活中，多到红色教育基地接受学习洗礼，从革命先辈的历史事迹汲取奋进的力量。本节课，我们就来一起学习建筑装饰施工图平面图的绘制。

3.2.2 学习内容

用一个假想的水平剖切平面沿门窗洞的位置将房屋剖成剖切面，从上向下投射在水平投影面上所得到的图样，即为平面图。装饰装饰修施工图中的平面图主要用于表现建筑的平面形状、建筑的构造状况（墙体、柱子、楼梯、台阶、门窗的位置等）、室内的平面关系和室内的交通流线关系，以及家具布置和地面的装修情况等。

码 3-3 建筑装饰施工图平面图的绘制——PPT

装修平面施工图根据所需表示的范围包括：建筑原始平面图、建筑拆墙及砌墙平面图、平面布置及家具定位图、地面铺装图及地面拼花定位图、顶棚、天花图及天花定位图、平面尺寸定位图、平面插座布置图等。当设计对象较为简易时，根据具体情况可将上述几项内容合并，减少图纸数量。

3.2.2.1 建筑原始平面图

1. 建筑原始平面图的绘制内容

建筑原始平面图用于表达当前项目原建筑信息，是装饰图纸叠图参照依据。其绘制内容主要包括如下（图 3-2）：

码 3-4 建筑装饰施工图平面图的绘制——教学录屏

（1）剖切位置线以下的建筑布置内容及关系

主要表达建筑主体结构：墙、柱、板、楼梯，以及台阶、门窗等的平面布置、具体形状，表达房间的位置关系等。

（2）剖切位置线之上的，需强调的内容

主要表达建筑结构梁的平面布置与具体形状。

（3）其他需强调的内容

主要表达给排水立管、管井等的平面布置与具体形状。

（4）图面标注

① 尺寸标注：标注出建筑结构构件的尺寸、门窗管井尺寸与建筑总尺寸，需避免尺寸漏标、重叠等现象。

② 引线文字标注：标注梁的截面尺寸、窗台的尺寸等。

③ 标高标注：建筑相对标高，表达楼地面地坪高差关系（视具体情况而定）。

绘制施工图前，原始平面图必须进行尺寸复核，复核房屋内部的正确尺寸，门、窗、承重墙位置、结构梁的高度和宽度与原图纸是否相符；排水立管、管井的位置是否正常等。

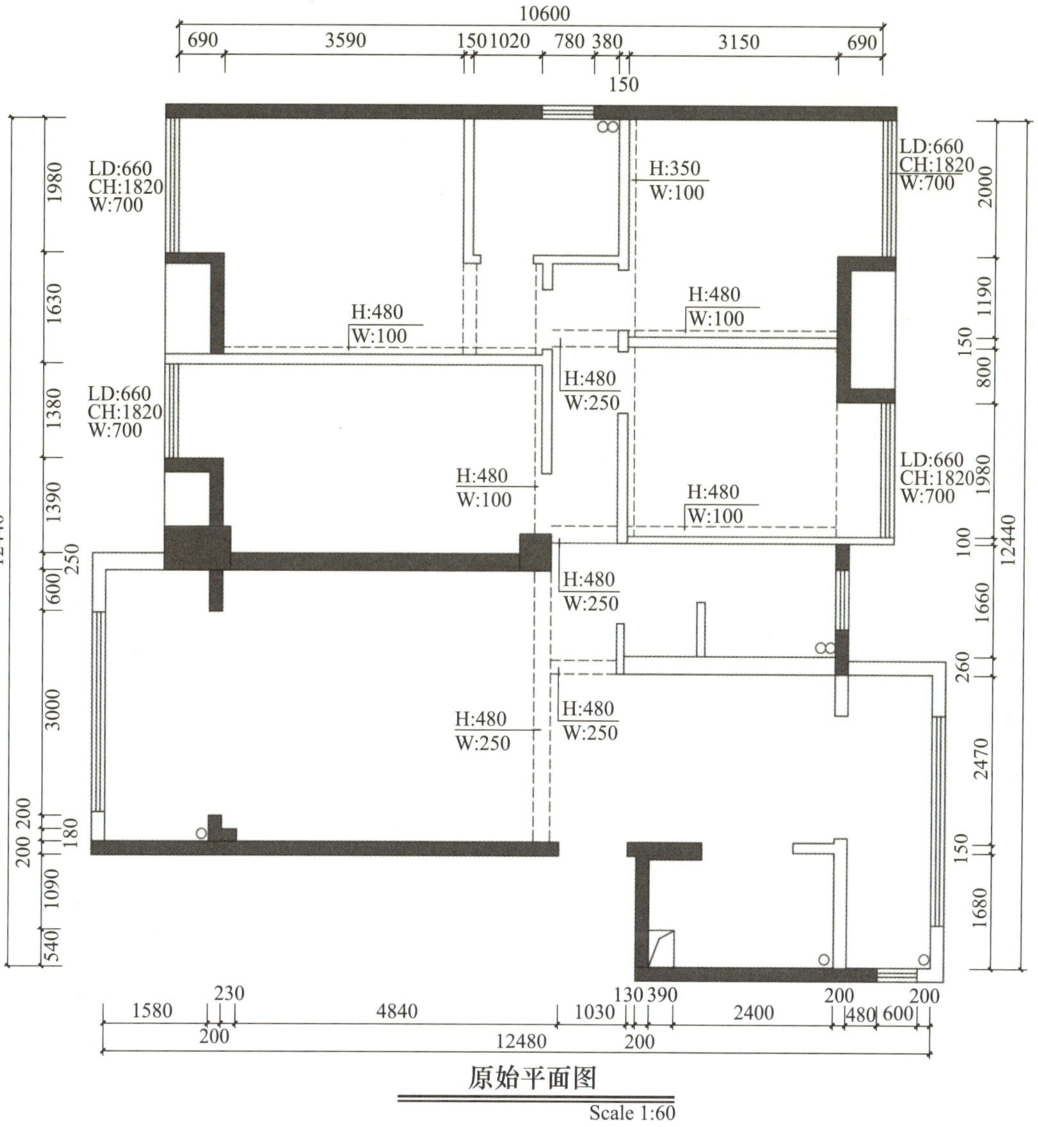

图 3-2 建筑原始平面图绘图内容

2. 建筑原始平面图的绘制要求

在绘制建筑原始平面图时，需要注意图纸图面的表现要求、完成面尺寸、比例及标注设置的表现要求。

(1)图纸图面线型设置的表现要求

① 建筑墙体及楼板外轮廓线使用中粗线表现；

② 窗线使用细实线表现；

③ 结构梁使用细虚线表现；

④ 排水口、管井等使用细线表现；

(2)比例设置表现要求

建筑原始平面图参照图纸图幅与建筑尺寸，选择合适的绘图比例，常用的比例有 1：50、

1：60、1：100。

(3)标注设置的表现要求

① 尺寸标注：尺寸标注应和 x，y 轴平行，标注尺寸数值为整数，不能出现标注重合。

② 引线标注：引线标注文字大小需符合制图规范，内容简洁易懂，不能出现文字重合。

3.2.2.2 建筑拆墙及砌墙平面图

1. 建筑拆墙及砌墙平面图的绘制内容

建筑拆墙及砌墙平面图是对空间中的墙体拆除、新砌墙数据及材质等进行详细说明，为施工单位现场放线及施工提供依据。其绘制内容主要介绍如下：

(1)建筑拆除平面图

主要表达各空间拟拆除的墙体的位置、详细尺寸、拆除要求等(图 3-3)。

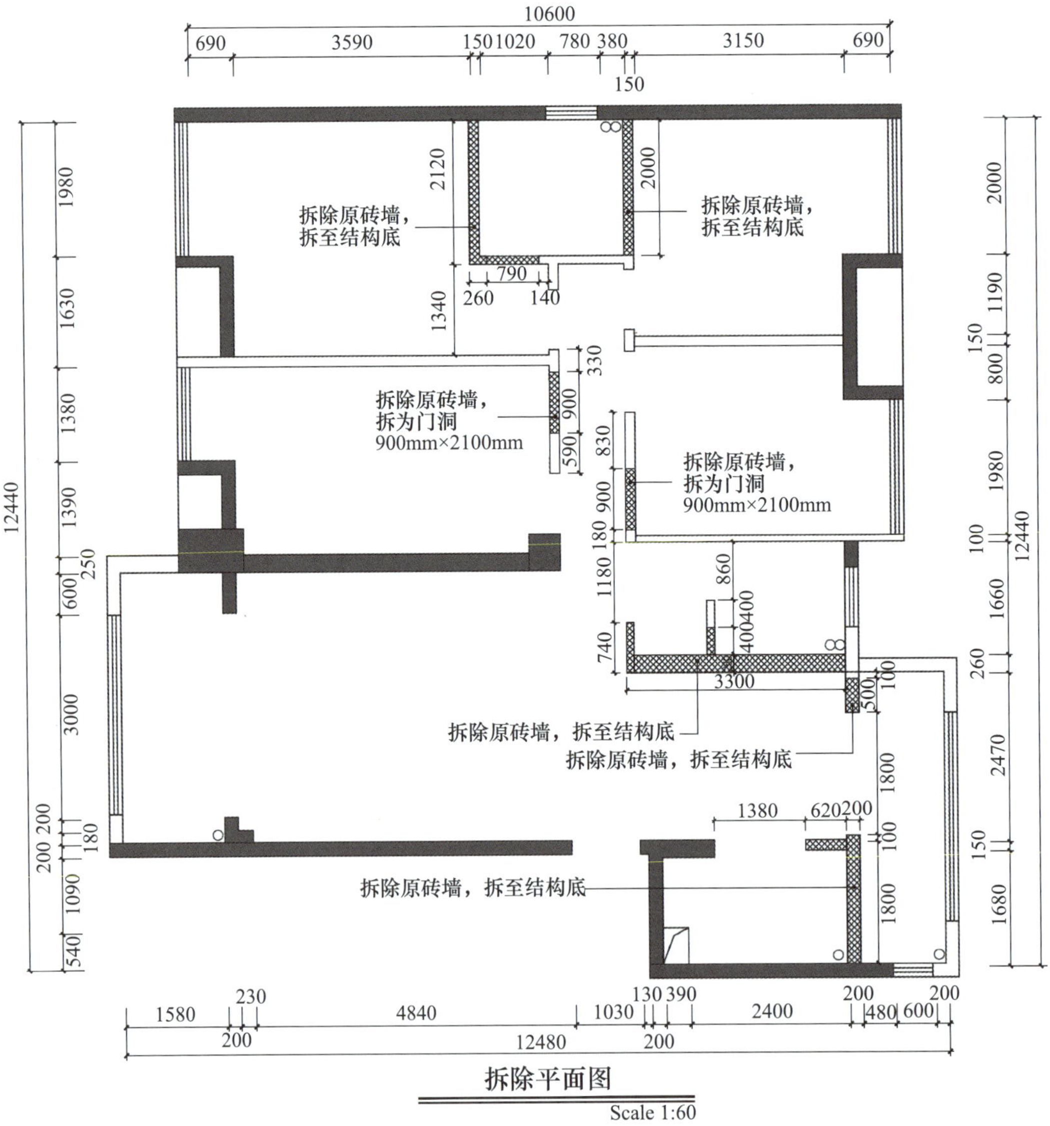

图 3-3 拆除平面图绘图内容

根据房屋空间功能设计要求对原建筑墙体进行改造，改造时必须注意具有承载能力的建筑结构不能拆除，拆除墙体必须用填充和标注说明清楚。

（2）新建墙体平面图

主要表达各空间新建的墙体的位置、详细尺寸、墙体信息及工艺做法、给排水立管的包管信息等（图 3-4）。

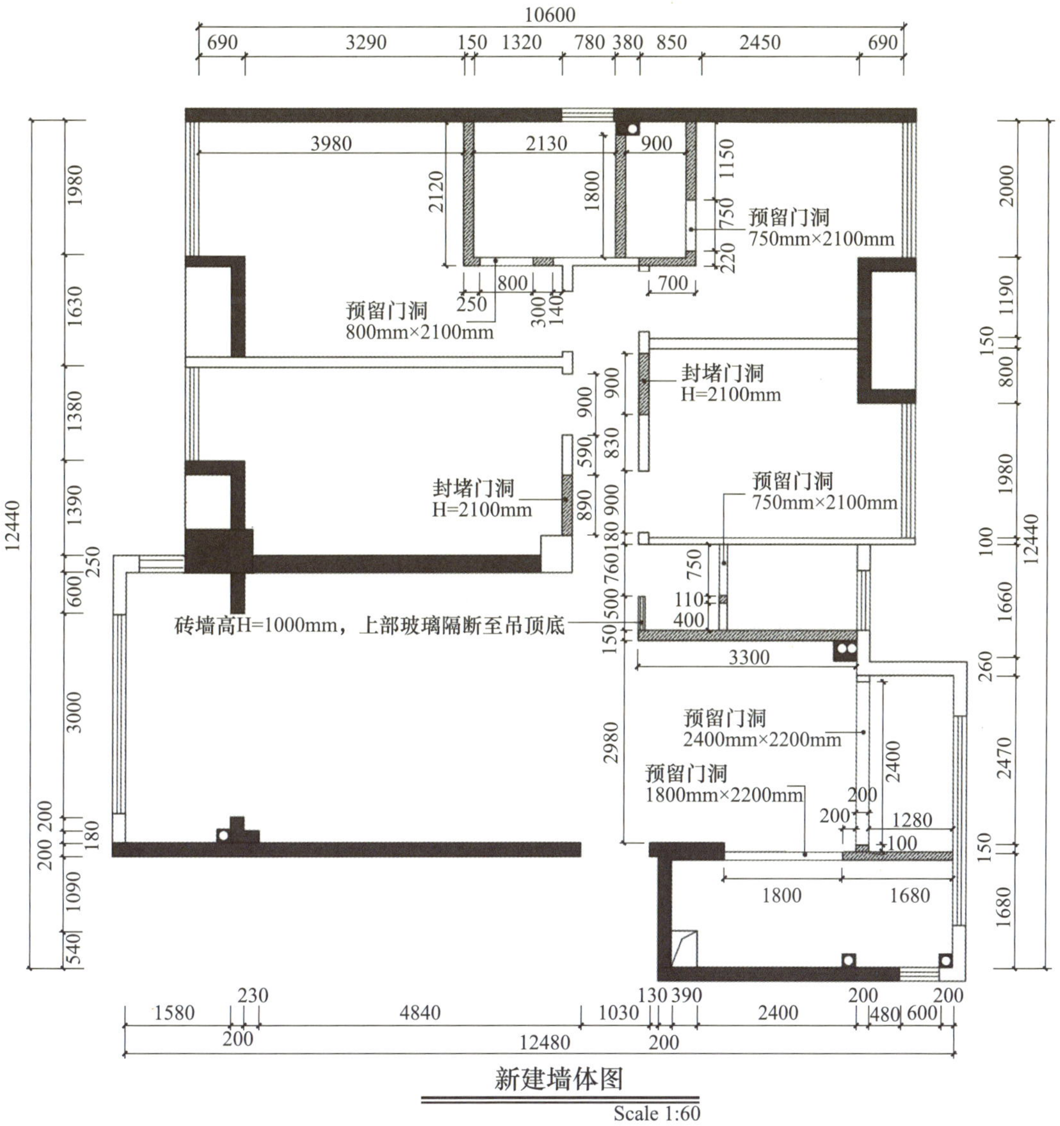

图 3-4 新建墙体图绘图内容

根据房屋空间功能设计要求对房屋空间进行重新划分，新建墙体一般为轻质墙体，绘制时必须对新建墙体进行说明，说明方式为对新建墙体进行填充和标注说明清楚。

2. 建筑拆墙及砌墙平面图的绘制要求

在绘制建筑拆除平面图与新建墙体平面图时，需要注意图纸图面的表现要求、完成面尺寸比例设置及标注设置的表现要求。

(1)图纸图面线型设置的表现要求

① 拆除墙体的外轮廓线使用中粗线表现;

② 拆除墙体的填充使用细实线表现;

③ 新建墙体的外轮廓线使用中粗线表现;

④ 新建墙体的填充使用细点划线表现。

(2)比例设置表现要求

参照图纸图幅与建筑尺寸,选择合适的绘图比例,一般与建筑原始平面图相同,常用的比例有 1∶50、1∶60、1∶100。

(3)标注设置的表现要求

① 尺寸标注:建筑结构体的尺寸在图外标注,拆建尺寸在图内标注,不能出现标注重合;

② 引线标注:引线标注文字大小需符合制图规范,内容简洁易懂,不能出现文字重合。

3.2.2.3 平面布置图

1. 平面布置图绘制内容

平面布置图表达出完整的平面布置内容全貌,以及各区域之间的相互连接关系,作为施工的依据。对于在图纸中未画出的常规做法或者是重复做法的部位,可在施工图中给予说明。其绘制内容主要包括(图 3-5):

(1)空间布局

表达各空间名称与功能。

(2)家具布置

表达家具在平面图上的位置及平面造型,如隔断、隔墙、固定家具、固定构件、活动家具、植物分布位置、窗帘等相互之间的关系。

(3)墙体立面造型线

表达出墙体立面落地造型的装饰完成面,如门套、踢脚线、落地立面造型的外轮廓等(视具体情况而定)。

在绘制平面布置图时,必须先确定空间的使用功能,再根据空间的使用功能选择空间的配套家具。家具的布置也属于设计部分,在参照方案效果图布置的同时也需根据业主的生活习惯和喜好进行布置。

2. 平面布置图的绘制要求

在平面布置图及家具定位图时,需要注意图纸图面的表现要求、完成平面尺寸比例设置表现要求。

(1)图纸图面线型设置的表现要求

① 固定家具的外轮廓线与造型轮廓线使用细实线表现;

② 剖切位置线以上的固定家具使用细虚线表现;

③ 活动家具的外轮廓线与造型轮廓线使用细虚线表现;

④ 墙体立面落地造型的装饰完成面使用细实线表现。

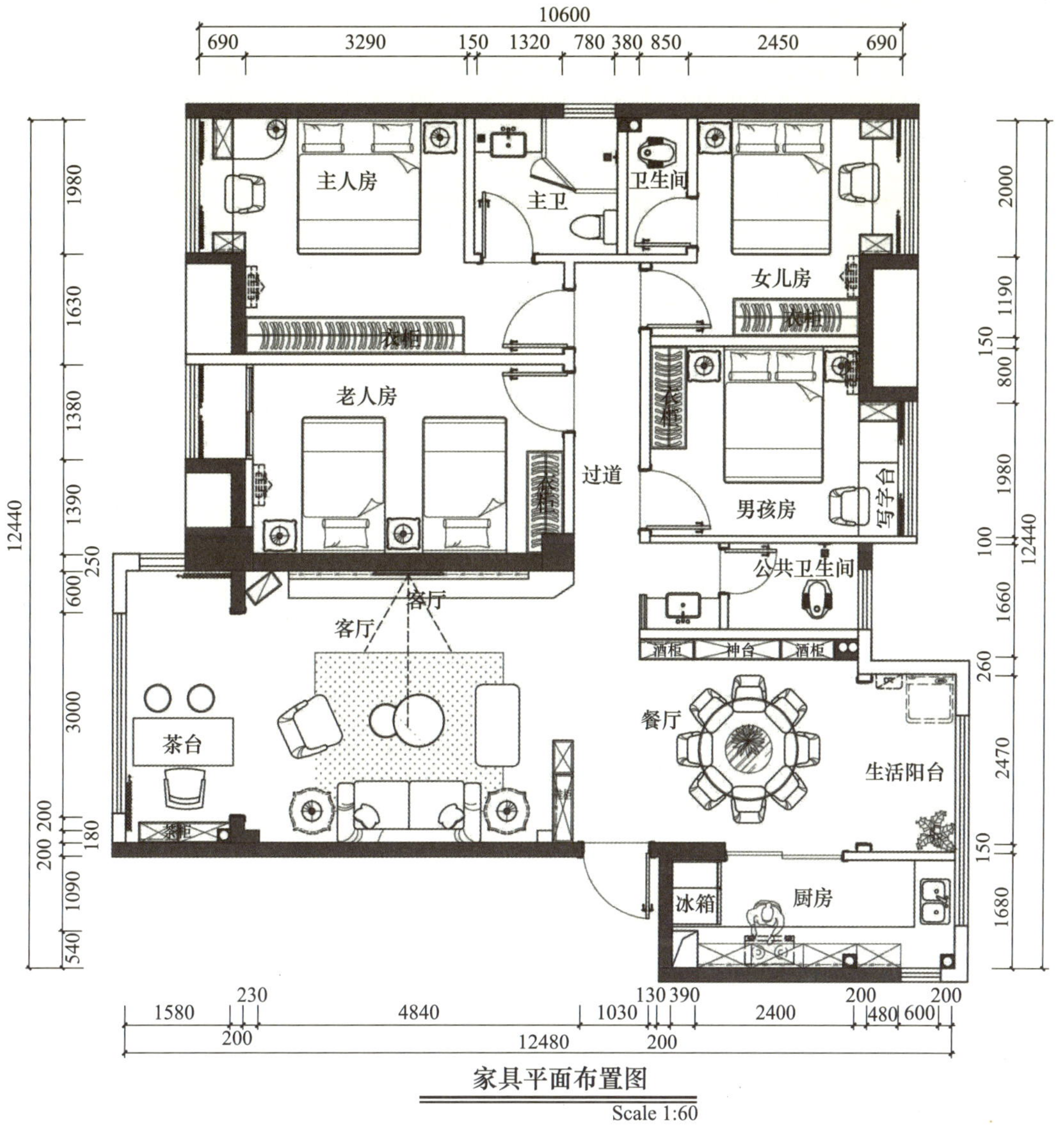

图 3-5 家具平面布置图绘图内容

(2)比例设置表现要求

参照图纸图幅与建筑尺寸,选择合适的绘图比例,一般与建筑原始平面图相同,常用的比例有 1∶50、1∶60、1∶100。

(3)标注设置的表现要求

尺寸标注:固定家具总尺寸和各造型分部尺寸在图外标注,标注不下的详细尺寸可在图内标注或另附家具详图,不能出现标注重合。

3.2.2.4 地面铺装图及地面拼花定位图

1. 地面铺装图及地面拼花定位图的绘制内容

地面铺装图表达空间地面标高关系,并对空间中地面材质及造型尺寸进行详细的标注说明。其绘制内容主要包括(图 3-6)：

(1)楼地面材料

主要表达各空间楼地面饰面材料填充图案，表达出埋地式内容(如地灯、暗藏光源、地插等)。

(2)施工排版

主要表达各空间楼地面拼花设计造型、各种材料的铺贴方式及起铺点、湿区空间排水坡度、防水分割线。

(3)图面标注

① 尺寸标注：标注出建筑结构构件的尺寸、瓷砖的铺装规格尺寸，需避免尺寸漏标、重叠等现象。

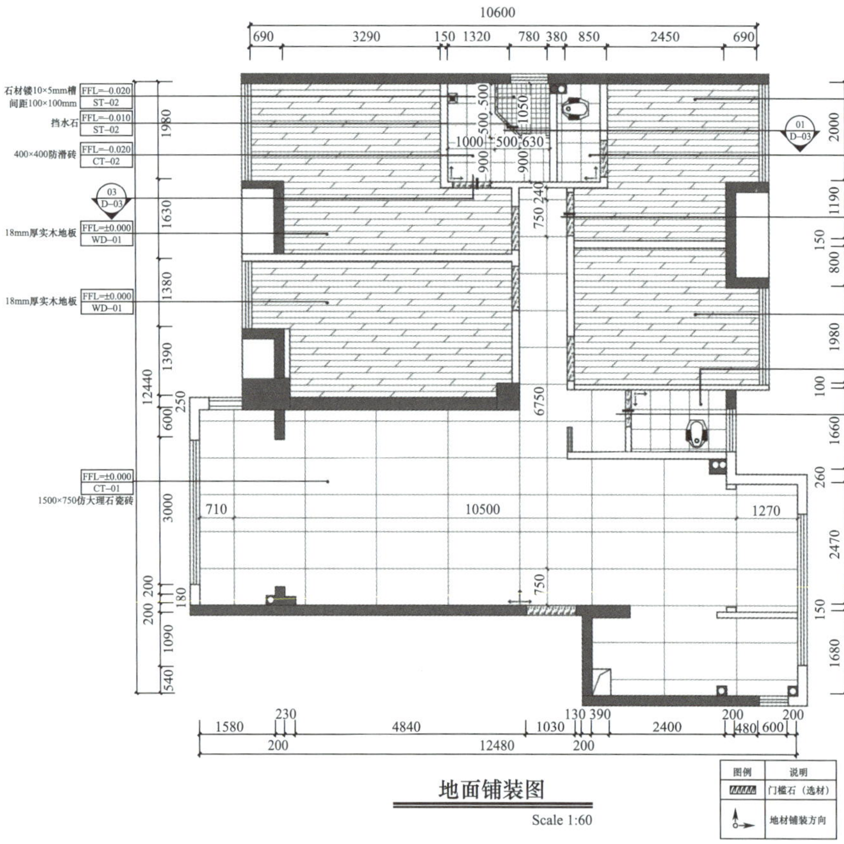

图 3-6　地面铺装图绘图内容

② 引线文字标注：标注楼地面饰面材料的名称、编号、规格、完成面的相对标高。

③ 索引标注：楼地面地坪相接材料的装修节点剖切索引号和地坪落差的节点剖切索引号。

绘制地面铺装图时，必须先对照方案效果图和装饰材料说明确定地面使用的装饰材料。当方案未明确空间地面使用材料时，必须先理解装饰方案的设计意图并及时与设计方沟通确定。地面材料的填充图案必须按照标准规范要求选用，且需用引线标注标明材料信息。地面有拼花图案必须标注标明拼花造型尺寸，最后标明地面完成面的水平高度。

2. 地面铺装图及地面拼花定位图的绘制要求

在地面铺装图及地面拼花定位图时，需要注意图纸图面的表现要求、完成面尺寸比例设置和标注设置的表现要求。

(1)图纸图面线型设置的表现要求

① 建筑主体结构和隔墙轮廓线使用中实线表现；

② 地面铺贴与分隔线使用细实线表现；

③ 装饰面层剖切轮廓线使用中实线表现。

(2)比例设置表现要求

参照图纸图幅与建筑尺寸，选择合适的绘图比例，一般与建筑原始平面图相同，常用的比例有 1∶50、1∶60、1∶100。

(3)标注设置的表现要求

① 尺寸标注：建筑结构体的尺寸在图外标注，铺装规格尺寸在图内标注，不能出现标注重合；

② 引线标注：引线标注文字大小需符合制图规范，内容简洁易懂，不能出现文字重合；

③ 索引标注：家具平面图中如有需放大大样和剖面需标注索引位置及符号。

3.2.2.5 顶棚、天花布置图及天花造型尺寸定位图

1. 顶棚、天花装饰施工图的内容根据所需表示的范围

装饰装修楼层的顶棚、天花总平面图、顶棚、天花平面布置图、顶棚尺寸定位图、顶棚灯位开关控制图、顶棚索引图、顶棚节点大样图。当设计对象较为简易时，根据具体情况可将上述几项内容合并，减少图纸数量。

顶棚、天花图及天花定位图表达设计方案中顶棚造型、灯具、消防及暖通设备点位，可以综合各专业相关图纸进行叠图参照，检验是否与装饰图纸有冲突。其绘制内容主要包括(图 3-7)：

(1)顶棚、天花造型

主要表达各空间顶棚、天花设计造型、饰面材料填充图案。

(2)顶棚设备点位

主要表达各空间顶棚埋藏式设备平面布置，如灯具、浴霸、排风口等。

(3)图表

主要表达顶棚设备图例与名称。

(4)图面标注

① 尺寸标注：标注顶棚的详细造型尺寸与定位尺寸，需避免尺寸漏标、重叠等现象，标注不下的详细尺寸可另附天花尺寸图。

② 引线文字标注：标注顶棚饰面材料的名称、编号、完成面的相对标高。

③ 索引标注：顶棚落差的节点剖切索引号。

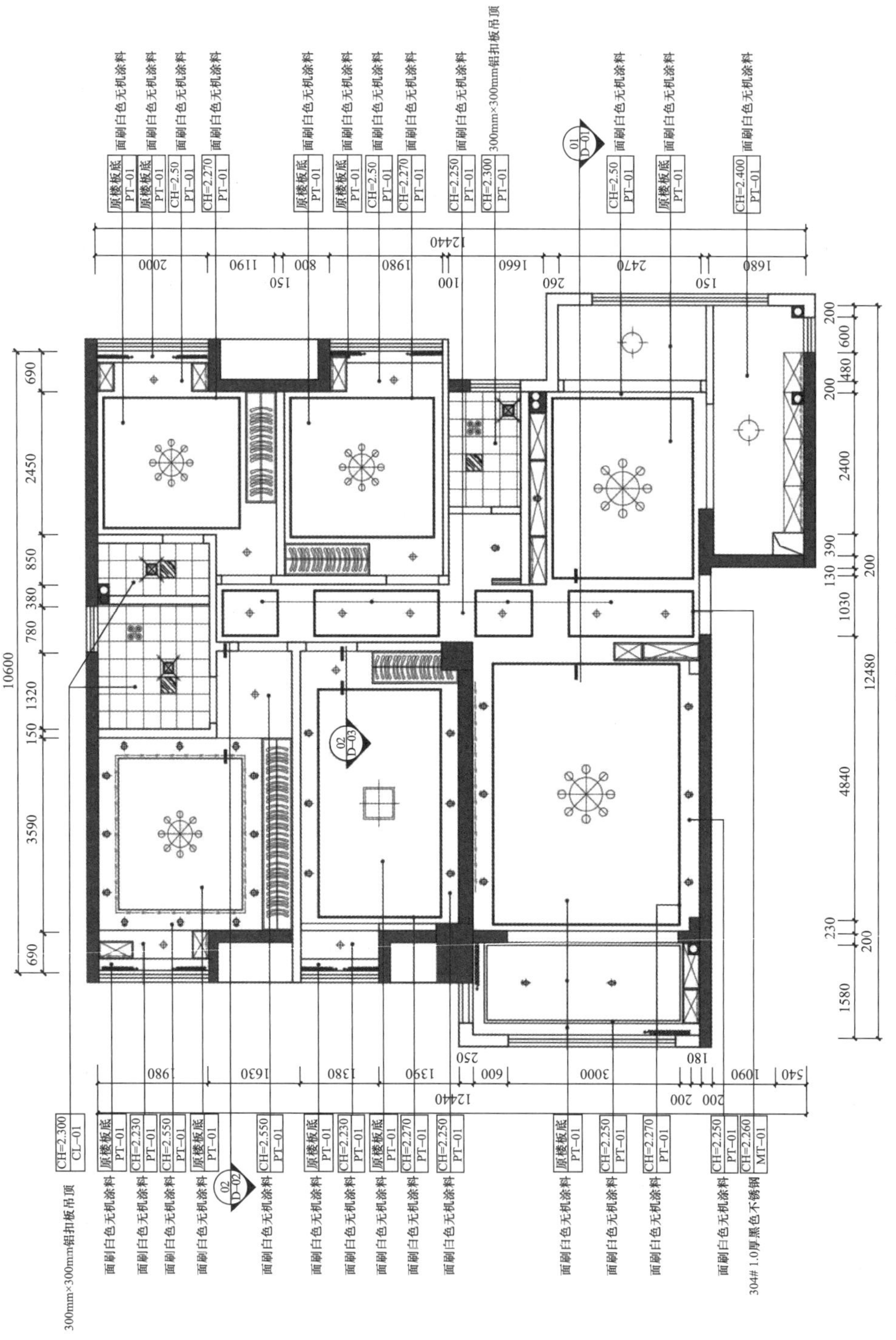

图3-7　顶棚、天花布置图绘图内容

根据设计方案要求绘制顶棚造型。绘制顶棚的造型尺寸是，设计方案有说明则按设计方案要求绘制，若设计方案未说明，则需要边绘制边设计。顶棚造型完成面的高度设计需考虑原建筑结构的结构梁的高度位置和造型层级高差间的视觉美感。顶棚装饰完成面材料的使用必须参照设计方案装饰材料说明，装饰材料需用引线标注标明材料信息。

当顶棚布置图内容较多，无法清晰地表述天花造型尺寸施工信息，则必须在另一张顶棚布置图中标明。顶棚、天花造型尺寸主要是标明顶棚、天花各层级之间造型的间距尺寸。

2. 顶棚、天花布置图及天花造型尺寸定位图的绘制要求

在绘制顶棚、天花图及天花定位图时，需要注意图纸图面的表现要求、完成面尺寸比例设置和标注设置的表现要求(图 3-8)。

(1)图纸图面线型设置的表现要求

① 顶棚、天花造型的造型轮廓线使用细实线表现；

② 门与门洞仅绘制边线，不画门扇及开启方向线，使用细实线表现；

③ 墙体立面落地造型的装饰完成面使用细实线表现。

(2)比例设置表现要求

参照图纸图幅与建筑尺寸，选择合适的绘图比例，一般与建筑原始平面图相同，常用的比例有 1∶50、1∶60、1∶100。

(3)标注设置的表现要求

① 尺寸标注：建筑结构体的尺寸在图外标注，天花造型的详细尺寸与定位尺寸在图内标注，标注不下时可另附天花尺寸图，不能出现标注重合；

② 引线标注：引线标注文字大小需符合制图规范，内容简洁易懂，不能出现文字重合；

③ 索引标注：顶棚落差节点复杂，如有需剖面放大大样需标注索引位置及符号。

3.2.2.6 平面插座布置图

1. 平面插座布置图的绘制内容

平面插座布置图表达设计方案中各墙、地面的强/弱电插座的位置(图 3-9)，可以综合各专业相关图纸进行叠图参照，检验是否与装饰图纸有冲突。其绘制内容主要包括：

(1)强弱电插座点位

表达各墙、地面的强/弱电插座的位置。

(2)图表

表达强/弱电插座图例、名称与安装高度等。

(3)图面标注

① 尺寸标注：标注强/弱电插座的定位尺寸，需避免尺寸漏标、重叠等现象；

② 引线文字标注：标注强/弱电插座的安装高度。

插座位置定位需要区分强弱电。绘制时要考虑业主在生活中使用的便捷，必须参照家具的位置来绘制，插座的高度也要根据家具和电器的高度来设计。插座布置图纸中必须配有强弱电图例说明(表 3-5、表 3-6)。

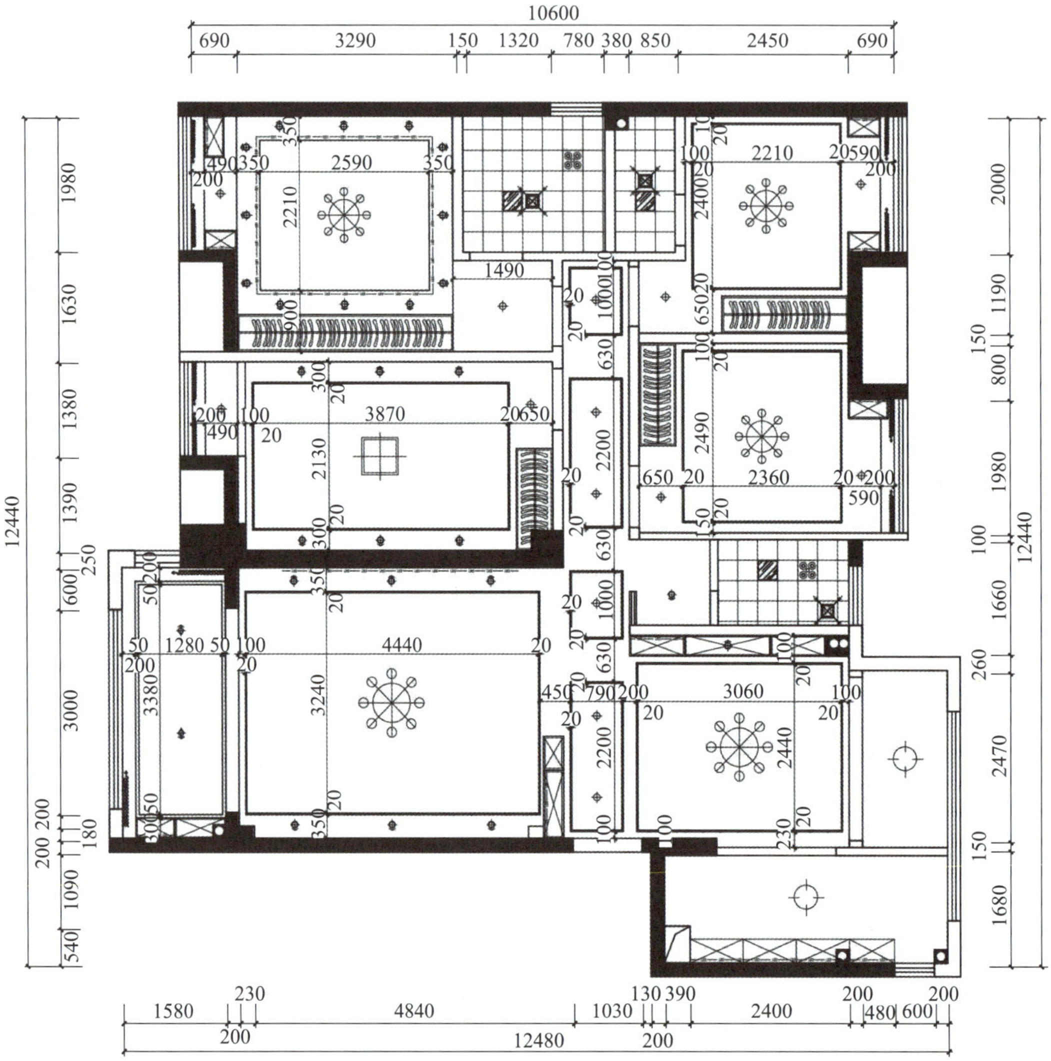

顶棚天花造型尺寸图

Scale 1:60

图 3-8　顶棚天花尺寸定位图

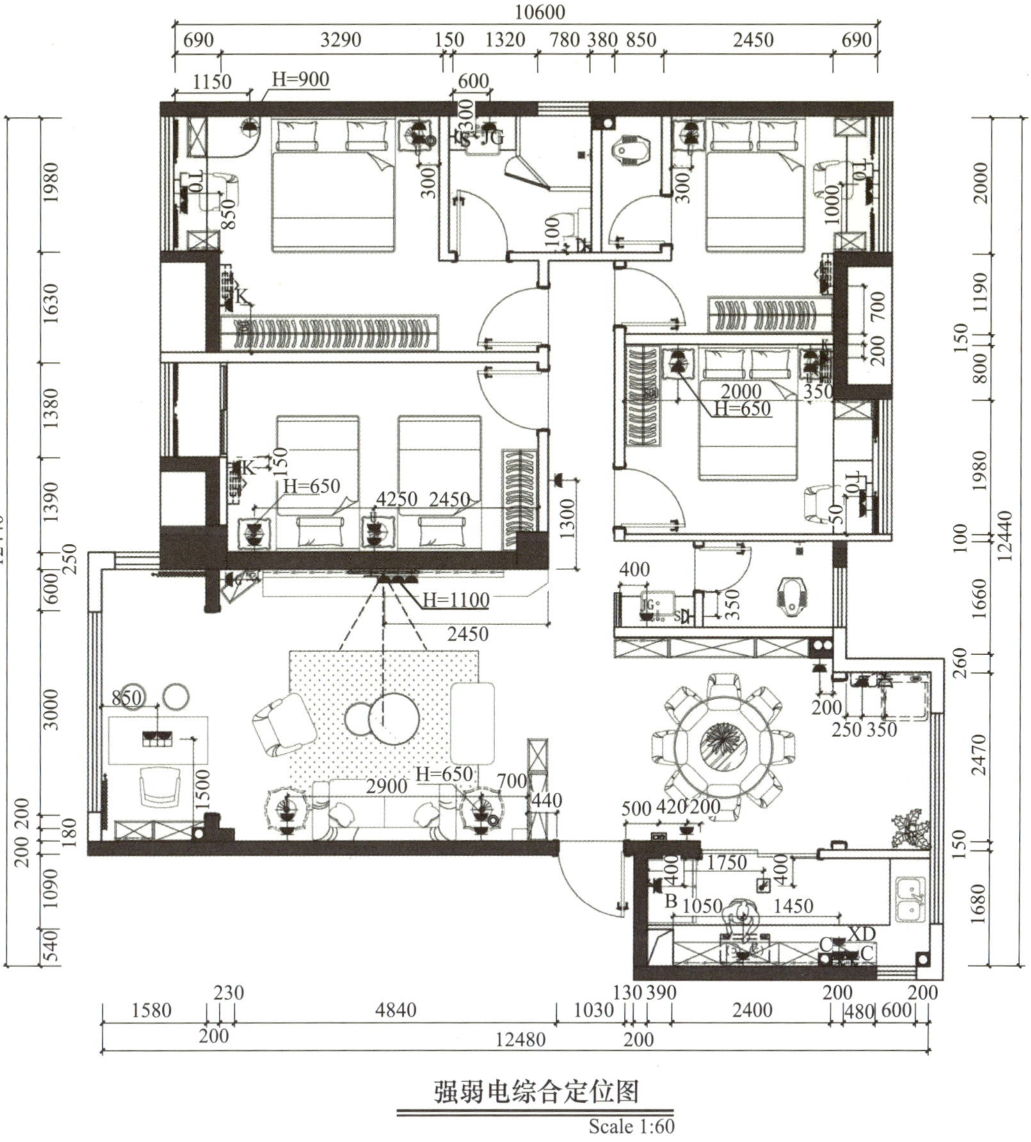

图 3-9 插座布置图内容

表 3-5 弱电图例说明

图例	名称	备注
	可视对讲安防分机	H=1.3m
◎	紧急报警按钮	H=0.65m
	燃气报警器	吸顶安装
TV+T0	电视网络集成面板	以图中标注为准
T0	网络插座面板	H=0.3m

表 3-6　强电图例说明

图例	名　　称	备注
	单相五孔插座 250V　10A	H=0.3m
U	五孔插座带 USB 接口 250V　10A	H=0.65m
G	柜机空调三孔插座 250V　16A	H=0.3m
K	挂机空调三孔插座 250V　16A	H=2.0m
P	单相三孔插座(抽油烟机)250V　10A	H=2.2m
XD	单相五孔插座(消毒柜)250V　10A	H=0.6m
B	单相五孔带开关插座(冰箱)250V　10A	H=300m
C	单相五孔带开关插座(厨房备用)250V　10A	H=1.3m
R	单相五孔插座(燃气热水器)250V　10A	H=2.2m
JG	单相五孔插座(卫生间镜柜)250V　10A	H=1.3m
JS	单相五孔插座(净水器)250V　10A	H=0.45m
S	防溅单相五孔插座(剃须/吹风)250V　10A	H=1.3m
X	防溅单相开关三孔插座(洗衣机)250V　10A	H=1.3m

2. 平面插座布置图的绘制要求

在绘制平面插座布置图时，需要注意图纸图面的表现要求、完成面尺寸比例设置和标注设置表现要求。

(1)图纸图面线型设置的表现要求

强弱电插座绘制符合各专业图例规定，使用细实线表现。

(2)比例设置表现要求

参照图纸图幅与建筑尺寸，选择合适的绘图比例，一般与建筑原始平面图相同，常用的比例有 1∶50、1∶60、1∶100。

(3)标注设置的表现要求

① 尺寸标注：建筑结构体的尺寸在图外标注，强弱电插座的定位尺寸在图内标注，不能出现标注重合。

② 引线标注：引线标注内容简洁易懂，不能出现标注重合。

3.2.2.7　顶棚灯位开关控制图

1. 顶棚灯位开关控制图的绘制内容

顶棚灯位开关控制图表达设计方案中开关与所控灯具、设备的连接关系。其绘制内容主要包括(图 3-10)：

(1)灯具点位

表达各空间灯具、设备的位置。

(2)开关点位

表达开关的位置与图例、开关与所控灯具、设备的连线。

(3)图表说明

表达开关图例、名称、参数与安装要求，灯具、设备图例与名称等(表 3-7、表 3-8)

(4)图面标注

尺寸标注：开关布置的定位尺寸，需避免尺寸漏标、重叠等现象。

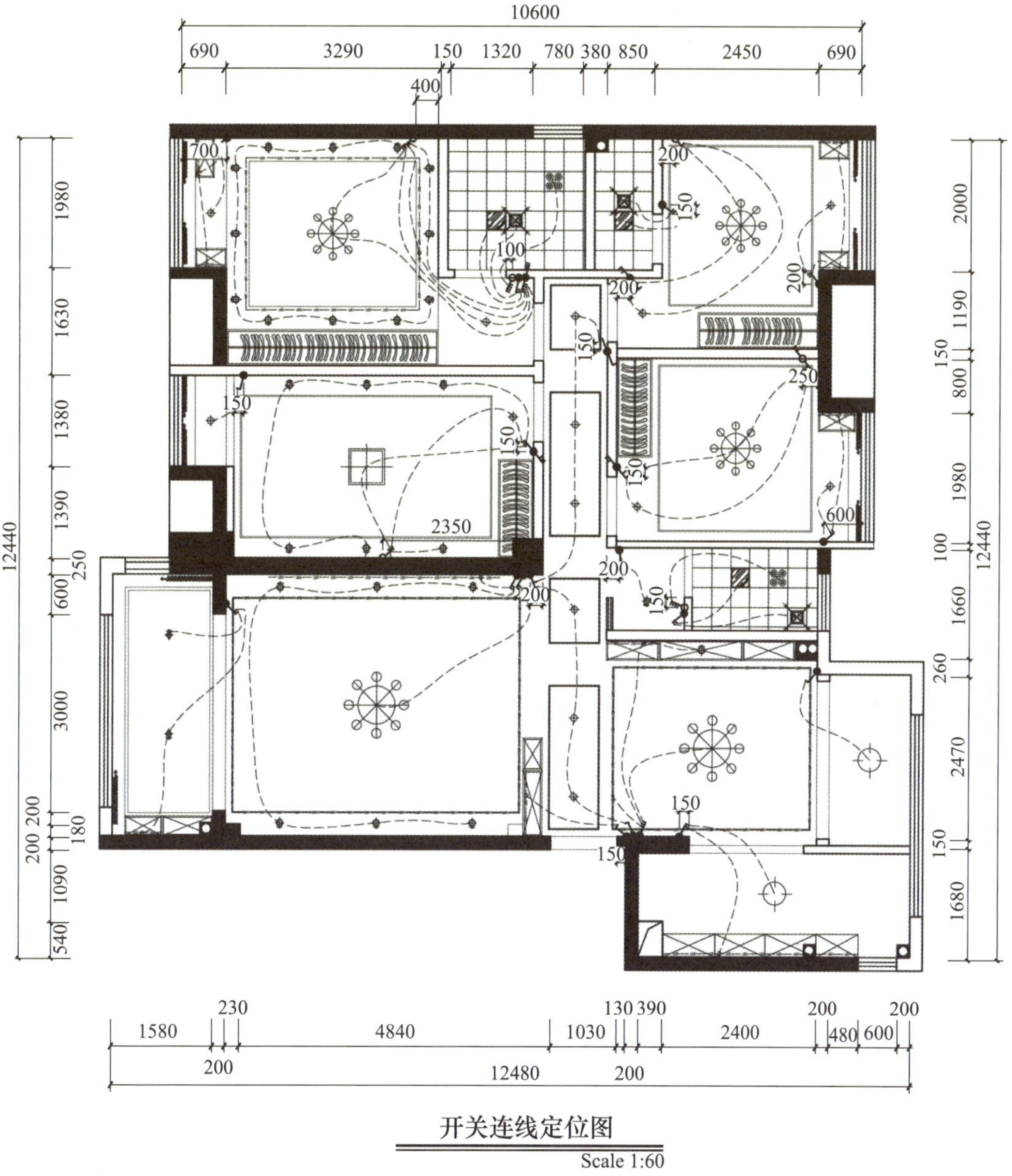

图 3-10 顶棚灯位开关控制图绘制内容

布置空间开关时，必须避开空间装饰墙面和衣柜位置。根据空间的灯具使用的方便性设计开关数量和高度，视空间的情况设计双联(多联)开关。绘制开关连线时，连线之间不能出现交叉的情况。图纸中必须附有开关和灯具的图例说明。

表 3-7　灯具图例说明

图例	说明	图例	说明	图例	说明	图例	说明
	筒灯(选型,嵌入式)	——LED——	暗藏 LED 灯带		浴霸(选型)		方形排风口 300×300 (mm)
	射灯(选型,嵌入式)		吸顶灯(选型)		艺术吊灯(选型)	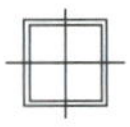	艺术吸顶灯(选型)
	射灯(选型,明装)		300×300 (mm) LED 平板灯				

表 3-8　开关图例说明

图例	名　称	备　注
	单联单控开关 250V　10A	暗装底距装修完成地面 1.3m
	双联单控开关 250V　10A	暗装底距装修完成地面 1.3m
	三联单控开关 250V　10A	暗装底距装修完成地面 1.3m
	浴霸开关	暗装底距装修完成地面 1.3m
	单联双控开关 250V　10A	暗装底距装修完成地面 1.3m
	双联双控开关 250V　10A	暗装底距装修完成地面 1.3m
	三联双控开关 250V　10A	暗装底距装修完成地面 1.3m
	四联双控开关 250V　10A	暗装底距装修完成地面 1.3m
	双联双控开关 250V　10A	暗装底距装修完成地面 0.65m
	三联双控开关 250V　10A	暗装底距装修完成地面 0.65m
	四联双控开关 250V　10A	暗装底距装修完成地面 0.65m

2. 顶棚灯位开关控制图的绘制要求

在绘制顶棚灯位开关控制图时,需要注意图纸图面的表现要求、完成面尺寸比例设置表现要求。

(1)图纸图面线型设置的表现要求

开关与灯具的连线使用弧形细实线表现。

(2)比例设置表现要求

参照图纸图幅与建筑尺寸,选择合适的绘图比例,一般与建筑原始平面图相同,常用的比例有 1∶50、1∶60、1∶100。

(3)标注设置的表现要求

尺寸标注:开关布置的定位尺寸在图内标注,不能出现标注重合。

3.2.3 课程思考

1. 平面布置图的绘制内容有哪些？
2. 平面布置图图面线型设置的表现要求。
3. 顶棚、天花图及天花定位图尺寸标注的表现要求。

3.3 建筑装饰施工图立面图的绘制

3.3.1 知识导入

上海市围绕建设“美丽家园、绿色田园、幸福乐园”的目标，积极探索适应本市乡村振兴的创新举措，充分结合浦江镇革新村特色地域文化，外立面采用传统江南水乡色调，以水墨色系为主，白色为外墙主要颜色，深灰色、木色为外墙装饰色彩。建筑在挖掘和体现以江南水乡民居为代表的传统建筑元素基础上，从建筑视觉元素的引导着手，在演化中实现对传统文化的延续与创新，建成体现传统美学又满足现代功能与审美需求的上海乡村民居。从建筑外立面装饰设计出发，本节课我们一起来学习建筑装饰施工图立面图的绘制。

3.3.2 学习内容

码 3-5　建筑装饰施工图立面图的绘制——PPT

码 3-6　建筑装饰施工图立面图的绘制——教学录屏

3.3.2.1 建筑装饰施工图立面图的表现内容及深化思路

1. 建筑装饰施工立面图的绘制内容

建筑装饰施工立面图是室内各立面方向造型，装修材料及构件的尺寸与效果的直接正投影图，反映墙、柱面的装饰造型、饰面处理，以及剖切到的顶棚的断面形状、投影到的灯具或风管等信息（图 3-11）。其绘制内容主要包括：

（1）墙柱面造型

主要表达墙柱立面的可见装修造型及与地面和顶棚的关系。

（2）家具布置

主要表达立面的灯具造型、隔断、固定家具、陈设品、活动家具、植物、窗帘等分布位置与相互之间的关系（视具体情况而定）。

（3）建筑构件

主要表达出门、窗、洞口、隔墙、梁等构件的位置。

（4）图面标注

① 尺寸标注：标注出建筑构件与立面造型尺寸，需避免尺寸漏标、重叠等现象；

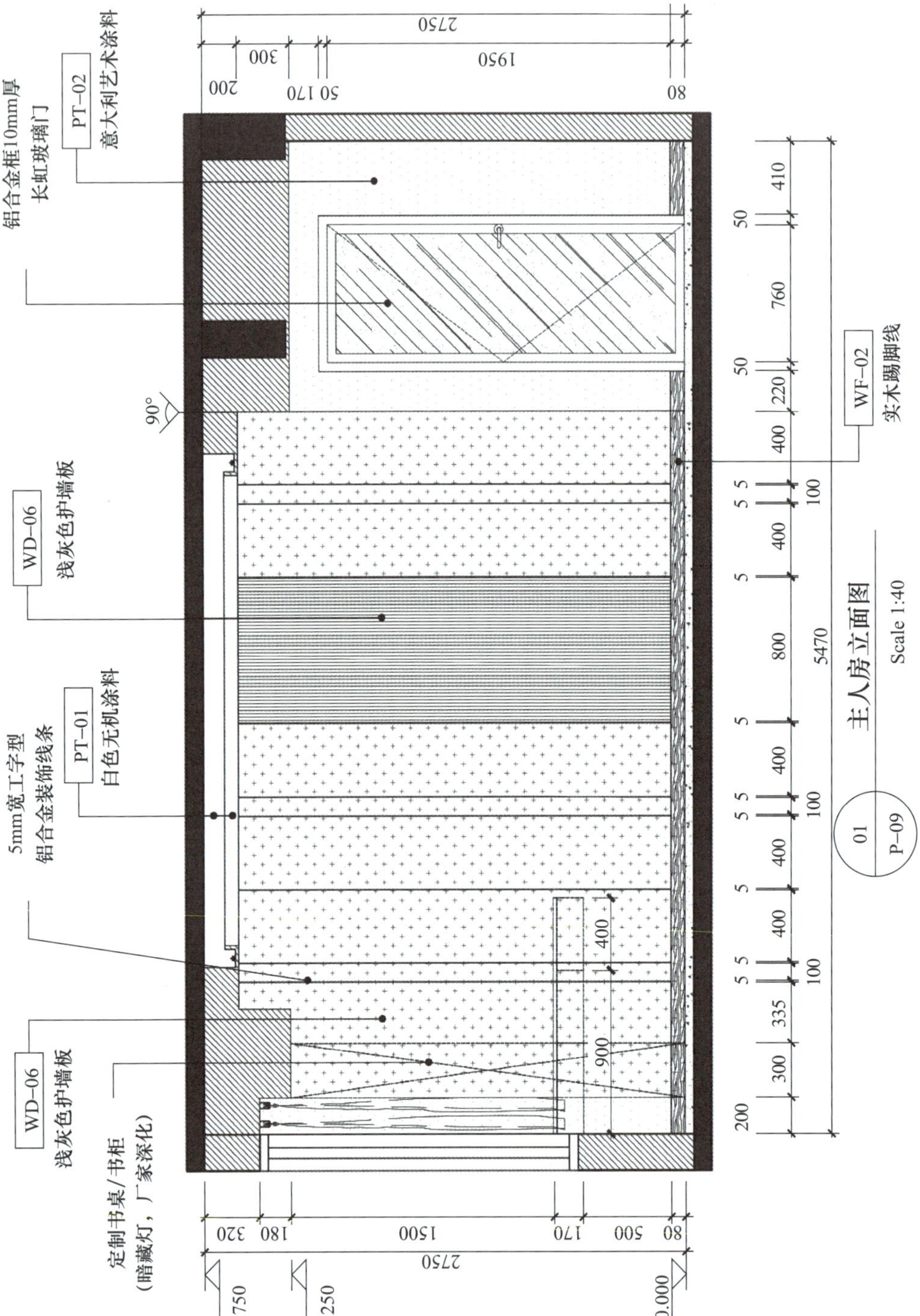

图3-11　装饰施工立面图绘制内容

② 引线文字标注:标注饰面材料的名称与编号、装饰线条的材料与说明、固定家具的制作要求以及其他必要说明;

③ 索引标注:墙柱面装饰的节点剖切索引号。

2. 建筑装饰立面图的深化思路

(1)图纸图面线型设置的表现

绘制楼建筑装饰立面图时,注意使用图层分类,使图纸内容更具层次感。

① 立面装饰完成面即装饰材料的外轮廓线,使用中实线或粗实线表示;

② 造型内部分隔使用细实线或中实线表示;

③ 门窗、固定家具等使用细实线表示;

④ 活动家具及活动艺术品陈设使用细虚线表示。

(2)图纸图面填充设置的表现

立面饰面与造型按材质分类填充,新建墙体填充与平面新建墙体信息保持一致。

(3)比例设置的表现要求

立面图可根据其空间尺寸及所表达内容的深度,参照图纸图幅,选择合适的绘图比例,可用比例为1∶20、1∶30、1∶40、1∶50、1∶60,常用比例为1∶30、1∶40。

(4)标注设置的表现要求

① 尺寸标注:主轮廓与建筑构件标注在图外标注;标注造型内部细节尺寸,主要装饰造型的分割及定位尺寸在图内标注;若标注过密,需交错标注,不能出现标注重合,防止数据重叠;

② 引线标注:引线标注文字大小需符合制图规范,内容简洁易懂,不能出现文字重合;

③ 索引标注:复杂墙(柱)面剖面大样需标注索引位置及符号;

④ 标高标注:地面完成面标高为相对标高±0.000(单位:m),顶棚造型标高以及其他主要建筑构件(板、门窗)标高为相对标高。

(5)剖切索引的表现要求

① 立面索引与平面索引应前后呼应并关联,索引符号编号一致;

② 剖切方向、范围应准确,且剖切索引图号前后逻辑清晰,索引正确。

(6)立面图纸命名的要求

立面图应根据平面布置图上的空间名称来确定图纸名称,编号和视角位置与立面索引图一致。

3.3.2.2 建筑装饰施工图立面图的绘制流程

以案例的住宅项目为例,立面图应对照立面索引图相应的视角位置绘制,必须与设计方案、平面图中表述的造型尺寸、装饰材料等内容一致。绘制步骤流程如下:

1. 确定绘制位置(图3-12)

明确绘制装饰立面图的装饰位置,以平面图相应位置作为绘制立面图的参考依据。

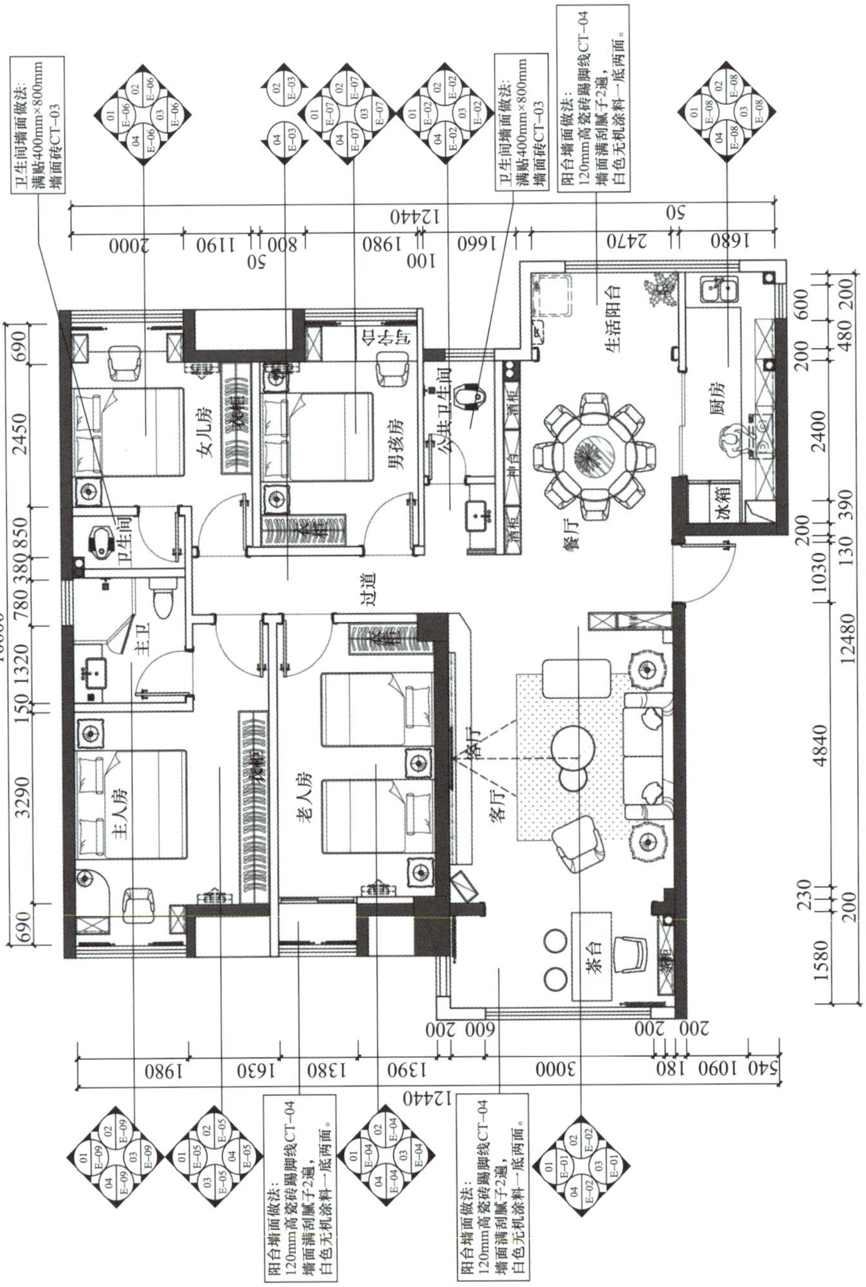

立面索引图
Scale:1:60

图3-12 确定立面图绘制位置

确定所要绘制的立面图在平面图中的位置，并结合设计方案的效果图、装饰材料来读懂墙面装饰造型的表现形式。

2. 绘制扩初图

根据拆墙及砌墙平面图绘制空间立面与明露构件的外轮廓线（图 3-13），并进行材质填充（图 3-14）。

图 3-13 绘制扩初图

图 3-14 墙体材质填充

参照立面索引图确定墙体和门窗的位置。通过设计方案中的项目信息确定原建筑楼板厚度、层高和梁高。根据以上绘图信息绘制出立面图的轮廓线。

对照立面索引图中的墙体承载信息，对墙体剖切处进行填充。填充图案必须符合标准规范要求。

3. 绘制楼地面与顶棚

根据地面铺装图与顶棚、天花图，明确现空间楼地面完成面及装饰材料、顶棚造型完成面及装饰材料，绘制出装饰层层级及层级高度，并进行材质填充（图 3-15）。

图 3-15 绘制楼地面与顶棚

参照地面铺装图确定地面完成面高度；参照顶棚布置图及天花造型定位图确定顶棚造型外轮廓线和层级的高度。对照设计方案中的效果图对踢脚线的水平标高位置进行设计和确定顶棚的造型形式来绘制吊顶造型的剖切图样。

4. 绘制墙柱面

绘制立面装饰材料分割线（图 3-16）、踢脚线、门套，并进行材质填充；根据现空间平面布置图与家具定位图，绘制墙面固定家具及设备外轮廓线。

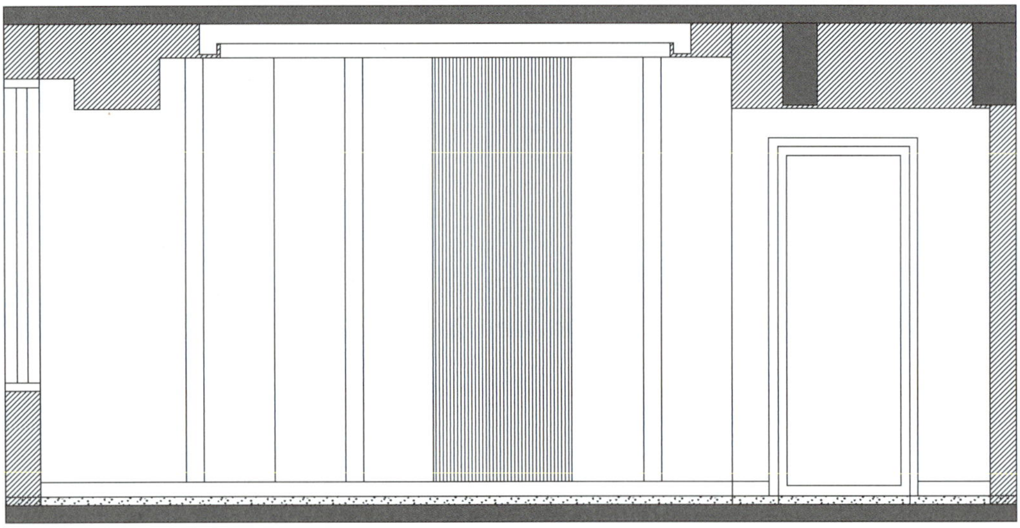

图 3-16 立面装饰材料分割线绘制

参照设计方案效果图的墙面造型形式对墙面进行造型分割设计。墙面造型尺寸必须参照平面布置图的家具的摆放情况来设计，同时也必须考虑到与地面、顶棚造型搭配的美观情况。

墙面造型绘制完成后，参照平面布置图的空间固定家具为主绘制固定家具。绘制的固定家具的尺寸和使用高度必须符合人机工程学(图 3-17)。

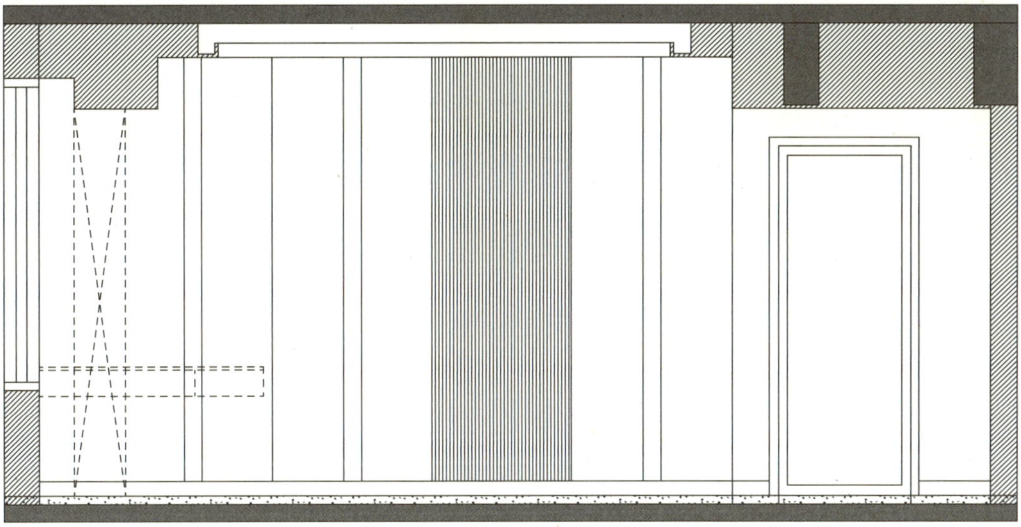

图 3-17 固定家具与设备的绘制

对地面、顶棚和墙面装饰造型进行材质填充，注意填充的材质图案必须符合规范制图要求(图 3-18)。

图 3-18 材质填充

5. 深化立面图

绘制出墙、柱立面设计造型，有凹凸的可标示凹凸符号，如洞口、壁龛等；绘制门的细节，如开启、拉手与门锁等；进行观感处理(图 3-19)。

在绘制标注前必须对绘制的立面图进行检查，要进一步对立面图的细节进行绘制，如门的开启方向，五金和设备的绘制等。

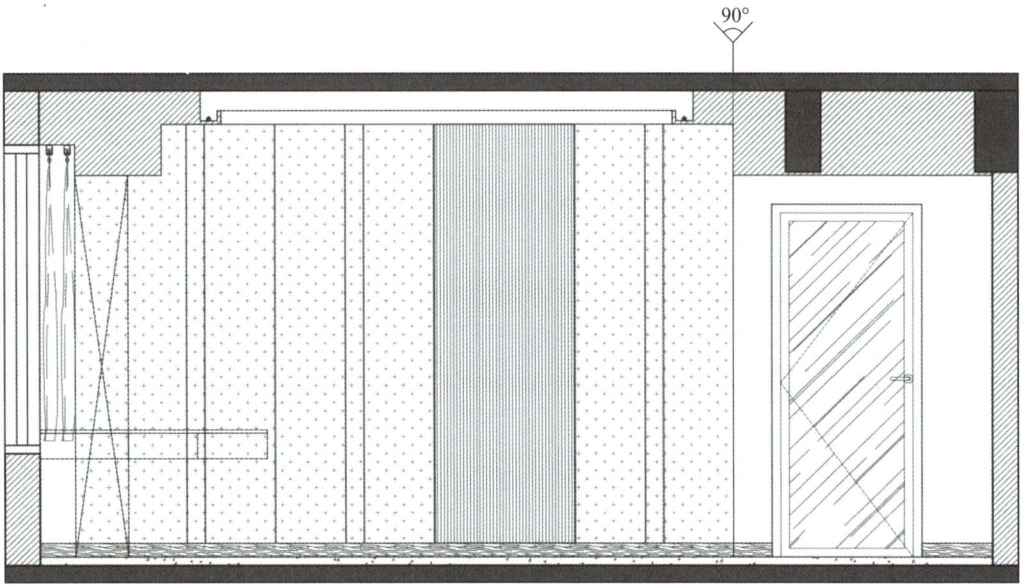

图 3-19　深化立面图

6. 图面标注

在图内标注墙面较小造型的详细尺寸；在图外标注墙面总尺寸和各造型分部尺寸。绘制引线，文字标注造型做法和装饰材料名称，标注墙、柱立面索引位置及符号；局部放大图可用虚线圆及虚线引出，绘制在墙、柱立面旁边(图 3-20)。

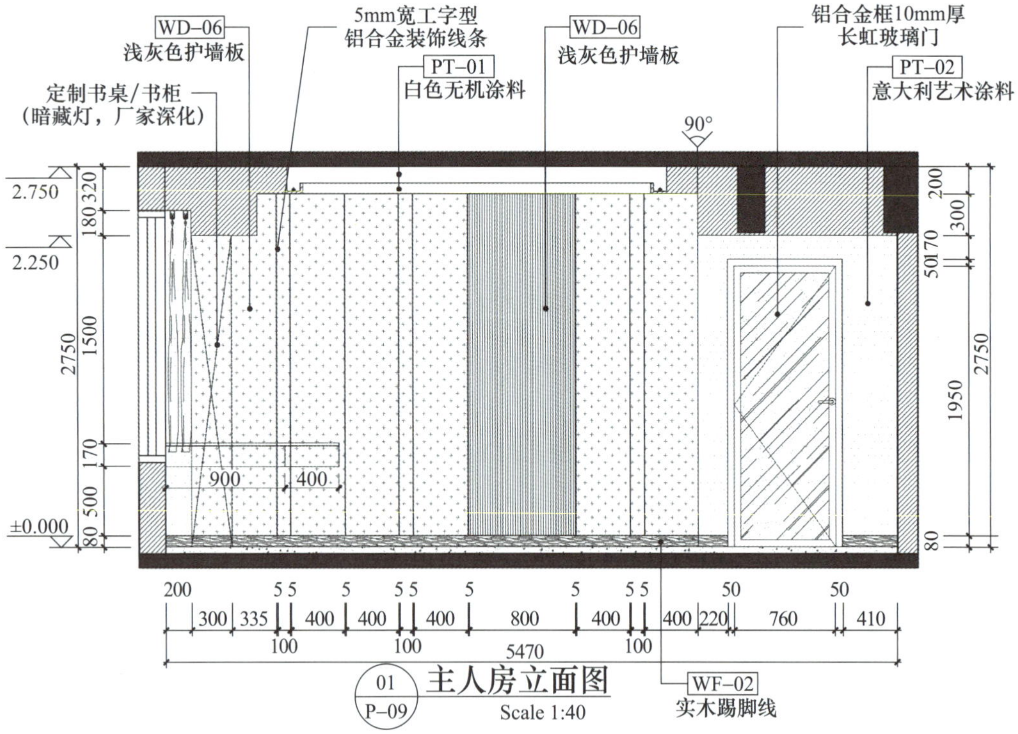

图 3-20　图面标注

立面图模型绘制完成后，到布局中绘制立面图尺寸标准、文字标注、标高、图名图号等图纸内容。

3.3.3 课程思考

1. 装饰立面图的绘制内容有哪些？
2. 说出装饰立面图标注设置的表现要求。
3. 装饰立面图的绘制的流程分为哪几个步骤？

3.4 建筑装饰施工图楼地面节点大样图的绘制

3.4.1 知识导入

中国馆是上海世博会园区最重要、最受关注的场馆之一。中国馆被誉为“东方之冠”，蕴含着中国文化的精神与气质，其结构技艺主要采用中国的建筑精粹“榫卯工艺”，主体造型雄浑有力，犹如华冠高耸，天下粮仓；地区馆平台基座汇聚人流，寓意社泽神州，富庶四方。当你看到中国馆头重脚轻的“东方之冠”时，也许会很惊讶：它怎么能够支撑起来呢？其实，它也是采用了榫卯结构，斗拱层层叠加，越抱越紧，看似零碎的部件，却有着难以估量的承受力，可以托起千钧之重。但由于榫卯结构工艺复杂，施工设计难度大，集“立体几何、物理力学、空间想象、逻辑思维”于一体，简单的木块由于连接构件的形态不同，衍生出千变万化的组合方式，新时代工匠是如何传承这种中国智慧的呢？这时就需要用到我们的“大样图”，本节课我们就一起学习建筑装饰施工图楼地面节点大样图的绘制。

码3-7 建筑装饰施工图楼地面节点大样图的绘制——PPT

3.4.2 学习内容

3.4.2.1 楼地面装饰详图的绘制内容及要求

1. 楼地面装饰详图的绘制内容

楼地面装饰详图主要是表现楼地面面层装饰材料及面层材料之下（图3-21），对楼地面装饰工程施工有着重要的指导作用。其绘制内容主要包括：

码3-8 施工构造动画——地砖

（1）完成面层级（图3-21，图标①）

主要是表现设计方案的造型尺寸及所用的装饰材料，通过造型尺寸及所用的装饰材

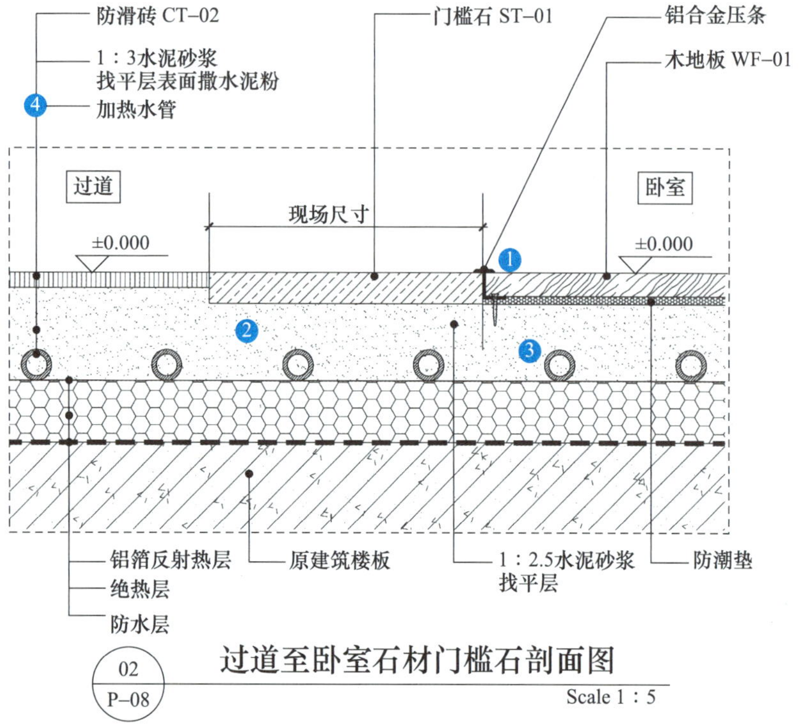

图 3-21　楼地面装饰详图绘图内容

料推断出工艺可实现的相关基层构造设计。

(2)基层材料层级(图 3-21,图标②)

根据楼地面完成面的造型尺寸及装饰材料推断的楼地面完成面材质依附的基层材料。在选择基层材料时需考虑防火等级要求、材料成本要求、人工成本要求,通过多方考量取最优方案。

(3)相关设备层级(图 3-21,图标③)

主要表现隐藏在楼地面完成面以下的相关设备,如暖气道、强弱电桥架等。

(4)图面标注层级(图 3-21,图标④)

尺寸标注:标注出楼地面装饰造型尺寸,需避免尺寸漏标、重叠等现象。

引线文字标注:标注楼地面装饰材料名称、材料编号、材料的规格等。

2. 楼地面装饰详图的绘制要求

在绘制楼地面装饰详图时,需要注意图纸图面的表现要求、完成面尺寸比例设置及标注设置的表现要求。

(1)图纸图面线型设置的表现要求

① 原建筑墙体及楼板外轮廓线使用中粗线表现;

② 楼地面完成面使用中粗线表现;

码 3-9　施工构造动画——石材

码 3-10　施工构造动画——木地面(直接铺设法)

③ 楼地面基层材料使用中线表现；

④ 楼地面相关设备使用细线表现；

⑤ 楼地面装饰详图所用材质填充使用细线表现。

(2)完成面尺寸比例设置表现要求

① 楼地面完成面尺寸≥3500mm 时，比例为 1∶15；

② 楼地面完成面尺寸≥1500mm 时，比例为 1∶10；

③ 楼地面完成面尺寸≥500mm，比例为 1∶5；

④ 楼地面完成面尺寸≥100mm 时，比例为 1∶2；

⑤ 楼地面完成面尺寸≥1mm 左右时，比例为 1∶1。

(3)标注设置的表现要求

① 尺寸标注：尺寸标注应和 x，y 轴平行，标注尺寸数值为整数，不能出现标准重合。

② 引线标注：引线标注文字大小需符合制图规范，内容简洁易懂，不能出现文字重合。

码 3-11 施工构造动画——木地面（龙骨铺设法）

码 3-12 施工构造动画——地坎(1)

3.4.2.2 楼地面装饰详图的绘制流程

以案例的住宅项目为例，绘制的楼地面节点大样图必须与设计方案、平面图、立面图中表述的造型尺寸、装饰材料等内容一致，并要求楼地面节点大样图对照相应的剖切位置参照绘制。绘制步骤流程如下：

1. 确定绘制位置

明确绘制楼地面装饰详图的装饰位置，装饰位置的平面图或立面图尺寸作为绘制楼地面装饰详图的造型尺寸参考。

2. 绘制扩初图

计算楼地面完成面与原建筑楼板之间的高差，确定楼地面的完成面高度。之后绘制楼地面完成面的外轮廓线（图 3-22）。

楼地面完成面的定位需要确保与整个户型空间的地面完成面水平一致。

3. 绘制基层材料

根据现空间楼地面面层材料情况且结合其他空间楼地面的面层与基层构造情况思考，明确现空间楼地面基层材料的使用情况，绘制出基层所需材料的层级及层级之间的高度，并进行材质填充(图 3-23～图 3-25)。

确定楼地面基层材料各层的规格尺寸与材料厚度。当面层材料的规格厚度不一致时，一定要确保面向地面完成面的材料处在同一水平上。

码 3-13 施工构造动画——地坎(2)

码 3-14 建筑装饰施工图楼地面节点大样图的绘制——教学录屏

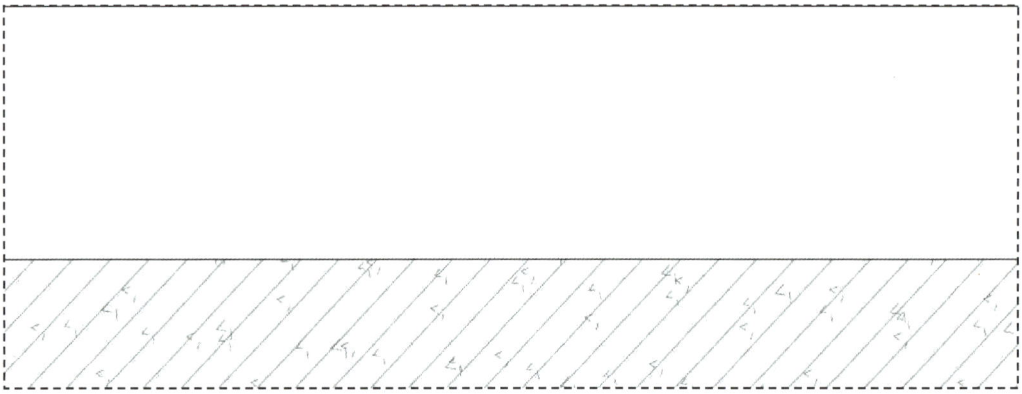

图 3-22　楼地面装饰详图轮廓线

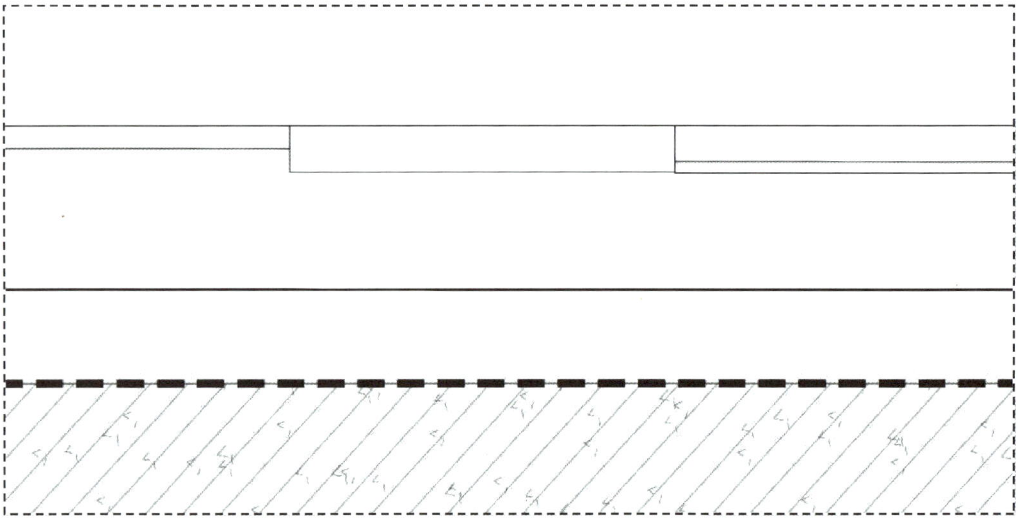

图 3-23　楼地面装饰详图基层材料分层

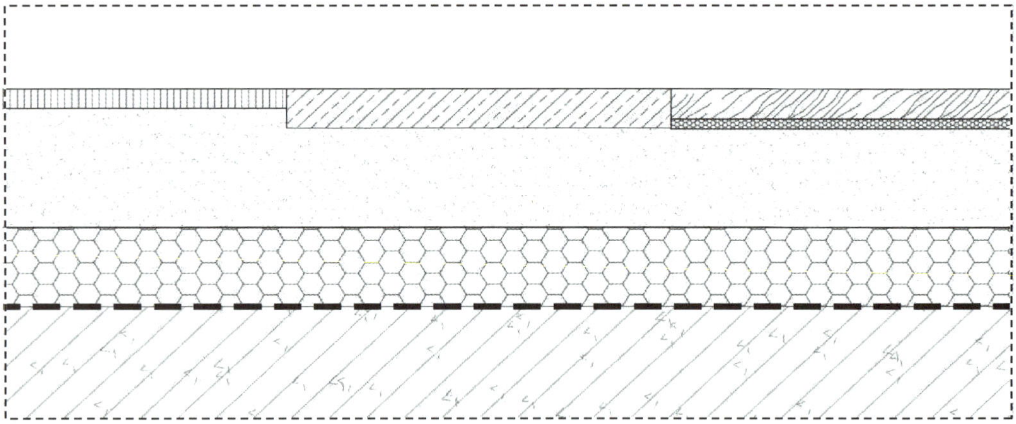

图 3-24　楼地面装饰详图基层材料填充

对楼地面各基层材料进行材料填充。材料的填充需按照规范的要求进行图案填充。

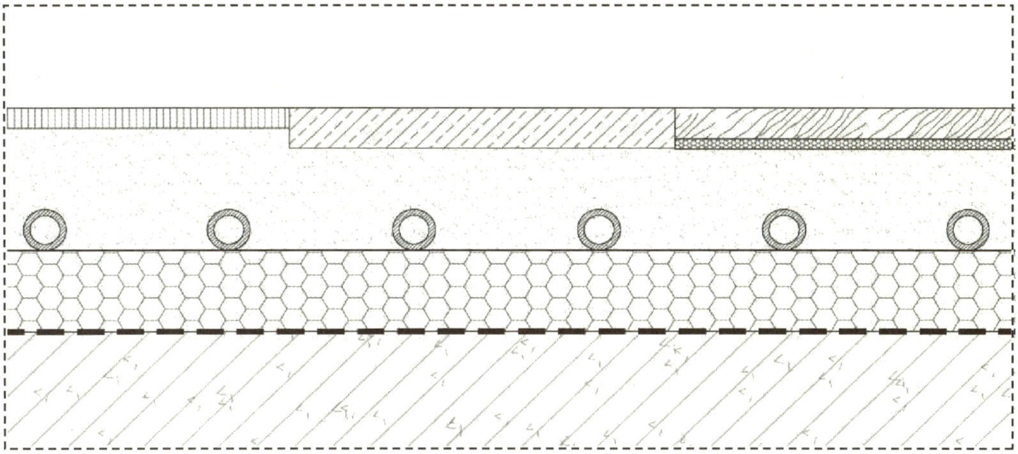

图 3-25 楼地面装饰详图基层设备设置

根据设备设置要求及使用说明，绘制设备。图中绘制的是暖管设备，在安放暖管时要确定暖管材料的规格和暖管材料需配套的其他辅助材料。

4. 深化装饰详图

深化楼地面装饰详图的优化处理措施，如加固措施、收口安装、观感处理等方面的绘制(图 3-26)。

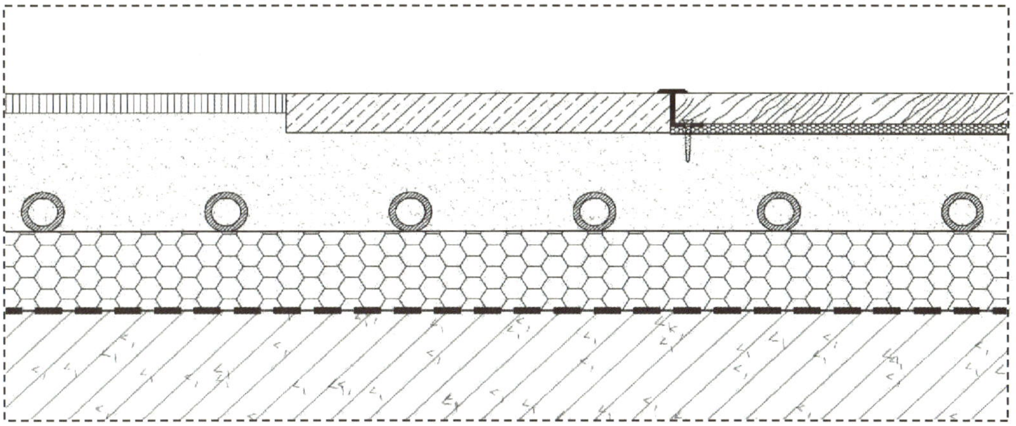

图 3-26 楼地面装饰详图施工优化处理措施绘制

当基层材料绘制完成后，根据材料施工工艺要求增加固定措施，如金属条等材料。石材地面与木质地面材料结合处采用铝合金压条边缘保护处理，铝合金压条使用自攻螺丝固定。

5. 图标注设置

装饰详图模型绘制完成后，再进行标注设置，需设置楼地面装饰详图标高、尺寸、材料名称规格、图名图号和图纸比例。

先绘制楼地面完成面及含有重要节点构造信息的尺寸标注，再引线文字标注出楼地面装饰详图的材料名称、材料编号、材料规格等(图 3-27)。

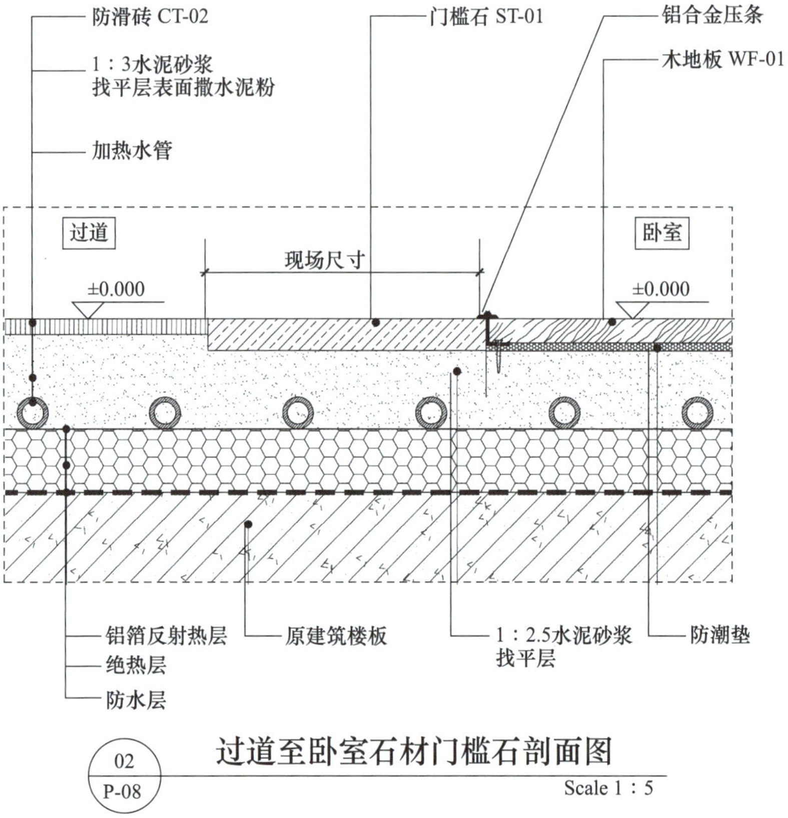

图 3-27　楼地面装饰详图标注设置

3.4.3　课程思考

1. 楼地面装饰详图的绘制内容有哪些？
2. 说出楼地面装饰详图图纸图面线型设置的表现要求。
3. 楼地面装饰详图的绘制的流程分为哪几个步骤？

3.5　建筑装饰施工图顶棚节点大样图的绘制

3.5.1　知识导入

福州市九峰村四面环山，中有溪流，风景如画，村中的老房子经过统一规划设计，成了九峰村的“乡村客厅”。老房子的砖柱和木梁很多已经破损，为了降低造价同时施工简便，设计师采用了“竹桁架”的概念，由经验丰富的竹匠手工加工完成。在推进乡村振兴的进程中，以这样的房子代替小洋楼，既体现了对传统建筑的传承，又实现了对使用功能的创新。但如此复杂的“竹桁架”在施工过程中，如何完成呢？有了上一节课的基础，本节课的学习将会告诉你答案。

3.5.2 学习内容

码 3-15 建筑装饰施工图顶棚节点大样图的绘制——PPT

3.5.2.1 顶棚装饰详图的绘制的内容及要求

1. 顶棚装饰详图的绘制的内容

顶棚装饰详图（图 3-28）主要是表现顶棚面层装饰材料及面层材料之下，对顶棚装饰工程施工有着重要的指导作用。其绘制内容主要包括：

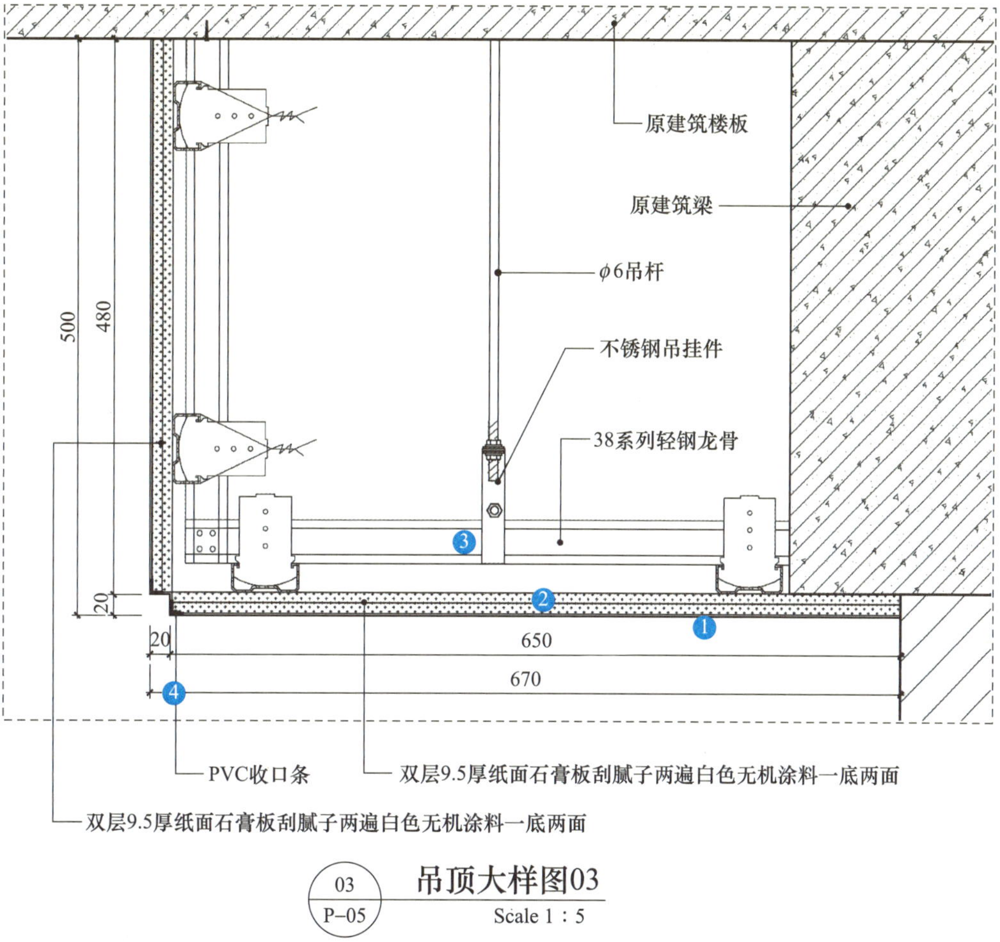

图 3-28 顶棚装饰详图绘图内容

（1）完成面层级（图 3-28，图标①）

主要是表现设计方案的造型尺寸及所用的装饰材料，通过造型尺寸及所用的装饰材料推断出工艺可实现的相关基层构造设计。

(2)基层材料层级(图 3-28,图标②)

根据顶棚完成面的造型尺寸及装饰材料推断顶棚完成面材质依附的基层材料及尺寸规格和相应的固定形式。在选择顶棚基层材料时需考虑防火等级要求、材料成本要求、人工成本要求,通过多方考量取最优方案。可通过以下三项原则进行把握:

① 优先考虑定制。定制产品可节约现场施工的人工成本且对施工后面层装饰造型观感较好。

② 优选集成加工。使用两种或多种材质拼接时,容易出现材质收口问题,若交付给厂家集中完成,就可避免多种材质衔接收口问题。但该成本略高,需要根据项目投资成本决定是否使用。

③ 同质择其优。在材料在外观和质感符合设计要求的前提下,可以考虑选择耐久性好等同质感的材料替代。

(3)龙骨连接层级(图 3-28,图标③)

一般顶棚龙骨使用木质龙骨时需要涂防火防腐涂料,若有防火等级要求,则不使用木质龙骨,普遍使用轻钢龙骨系统。设上人吊顶和不上人吊顶两种,其主要区分在龙骨配件系统的规格上。

(4)图面标注层级

尺寸标注:标注出顶棚装饰造型尺寸,标高符号,需避免尺寸漏标、重叠等现象。

引线文字标注:标注顶棚装饰材料名称及规格、龙骨系统及龙骨规格、支撑和连接材料及构件、配件之间的相互关系和相关注意事项等。

2. 顶棚装饰详图的绘制的要求

在绘制顶棚装饰详图时,需要注意图纸图面的表现要求、完成面尺寸比例设置及标注设置的表现要求。

(1)图纸图面线型设置的表现要求

① 原建筑墙体及楼板外轮廓线使用中粗线表现;

② 顶棚完成面使用中粗线表现;

③ 顶棚基层材料使用中线表现;

④ 顶棚龙骨系统使用中线表现;

⑤ 顶棚装饰详图材质填充使用细线表现。

(2)完成面尺寸比例设置表现要求

① 顶棚面完成面尺寸≥3500mm 时,比例为 1∶15;

② 顶棚面完成面尺寸≥1500mm 时,比例为 1∶10;

③ 顶棚面完成面尺寸≥500mm,比例为 1∶5;

码 3-16　施工构造动画——纸面石膏板吊顶

码 3-17　施工构造动画——矿岩棉板吊顶

码 3-18　施工构造动画——硅酸钙板吊顶

码 3-19　施工构造动画——安装类不锈钢吊顶

码 3-20　施工构造动画——木饰面吊顶

④ 顶棚面完成面尺寸≥100mm 时，比例为 1∶2；

⑤ 顶棚面完成面尺寸≥1mm 左右时，比例为 1∶1。

(3)标注设置的表现要求

① 尺寸标注：尺寸标注应和 x，y 轴平行，标高标注与 x 轴平行。标注尺寸数值为整数，不能出现标注重合。

② 引线标注：引线标注文字大小需符合制图规范，内容简洁易懂，不能出现文字重合。

码 3-21 施工构造动画——方通吊顶

3.5.2.2 顶棚装饰详图的绘制的流程

以案例的住宅项目为例，绘制的顶棚装饰详图必须与设计方案和平面图、立面图中表述的防火等级要求、造型与标高尺寸、装饰材料等内容一致，并要求顶棚装饰详图对照相应的剖切位置绘制。绘制步骤流程如下：

码 3-22 建筑装饰施工图顶棚节点大样图的绘制——教学录屏

1. 确定绘制位置

明确绘制顶棚装饰详图的装饰位置，装饰位置的平面图或立面图作为绘制顶棚装饰详图的造型及高度尺寸参考。

2. 绘制扩初图

计算顶棚完成面与原建筑楼板之间的距离，确定顶棚的完成面位置。绘制顶棚完成面的外轮廓线，向原建筑墙体或柱方向绘制完成面材料的剖切厚度，并进行材质填充(图 3-29)。

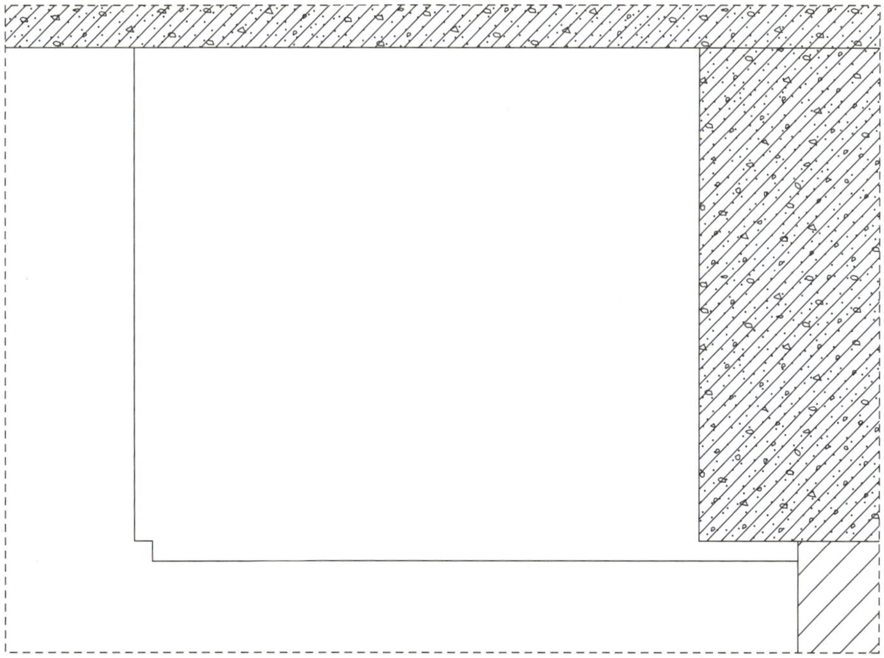

图 3-29 顶棚装饰详图轮廓线

先根据平面图确定顶棚装饰详图装饰完成面的宽度，再根据立面图及标高确定顶棚装饰详图装饰完成高度，并将顶棚装饰详图的外轮廓造型绘制完成。

3. 绘制基层材料及龙骨系统

根据现空间顶棚面层材料确定基层所使用的材料（图 3-30），龙骨系统的材质、规格及尺寸（图 3-31）、龙骨搭接的关系（图 3-32），并进行材质填充。

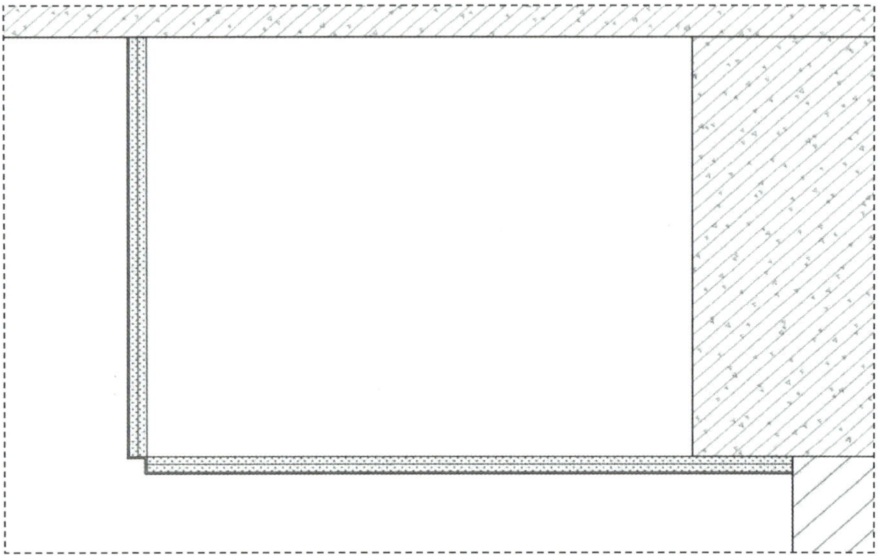

图 3-30　顶棚装饰详图基层材料绘制及填充

绘制顶棚装饰详图时，可从顶棚完成面向基层处进行绘制。图中装饰面层材料为 3mm 的一底两漆和腻子层，装饰面层材料下方为纸面石膏板，其一层纸面石膏板的厚度为 9.5mm，图 3-30 中为双层纸面石膏板做底。

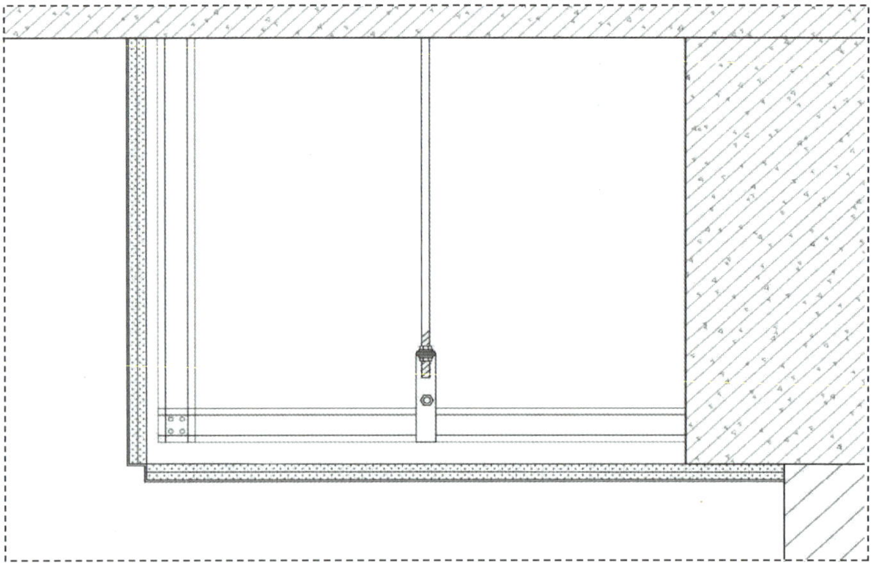

图 3-31　顶棚装饰详图承载龙骨及主龙骨的绘制

绘制轻钢龙骨吊挂件时，需要根据房屋空间的实际顶棚长宽距离计算承载龙骨的位置和次龙骨的位置。

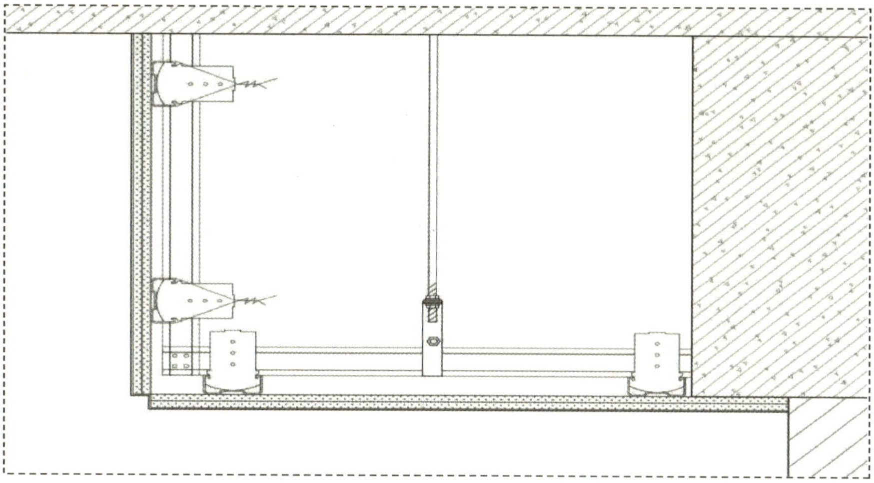

图 3-32　顶棚装饰详图副龙骨的绘制

绘制完成承载龙骨后，再绘制副龙骨及横撑龙骨。

4. 深化装饰详图

深化顶棚装饰详图的优化处理措施，如加固措施、收口安装、观感处理等方面的绘制（图 3-33）。

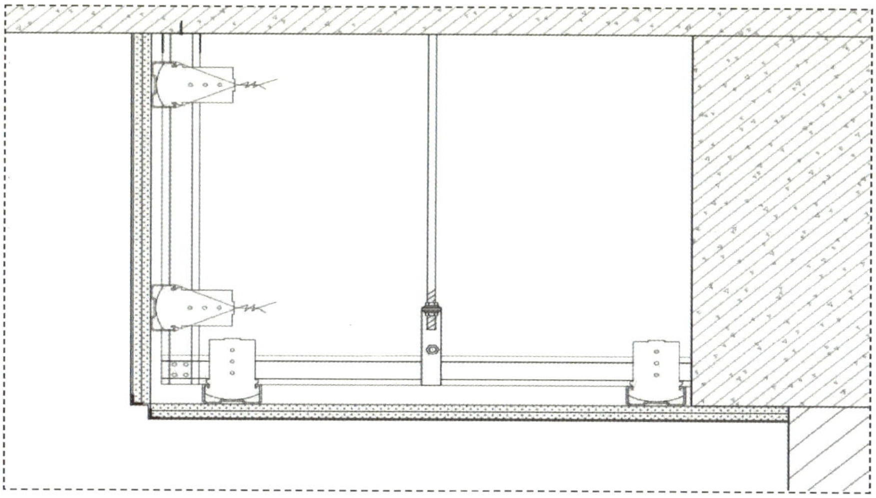

图 3-33　顶棚装饰详图施工优化处理措施绘制

绘制顶棚装饰详图装饰完成面 PVC 收口和基层部分龙骨的固定措施。

5. 图标注设置

绘制顶棚完成面及含有重要节点构造信息的尺寸标注。引线文字标注出顶棚装饰详图的材料编号、材料名称、材料规格等。对于构件及工艺说明应更具体、更详尽、更规范、更标准（图 3-34）。

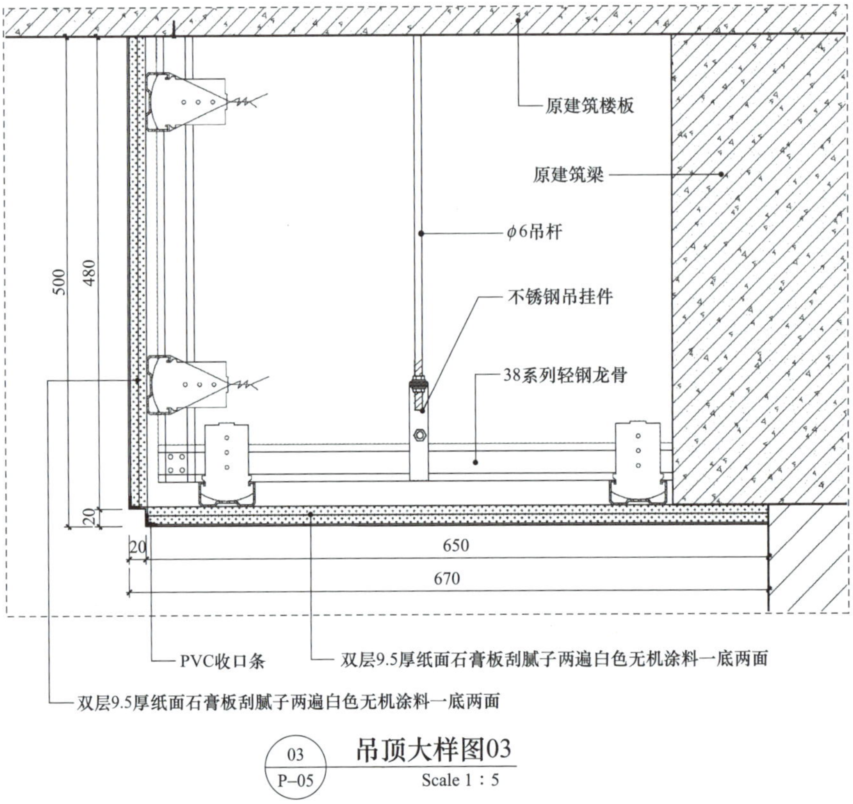

图 3-34　顶棚装饰详图标注设置

装饰详图模型绘制完成后，再进行标注设置。需设置顶棚装饰详图的尺寸、材料名称规格、图名图号和图纸比例。

3.5.3　课程思考

1. 顶棚装饰详图完成面尺寸比例设置表现要求有哪几点？
2. 绘制的顶棚装饰详图必须与哪些内容一致？
3. 顶棚扩初图绘制的内容是什么？

3.6　建筑装饰施工图墙、柱面节点大样图的绘制

3.6.1　知识导入

北京的香山是中国革命胜利前夕党中央所在地，在中国共产党历史上具有非常重要的地位。为生动形象地展现这一段波澜壮阔的历史，香山革命纪念馆在设计建造时，匠

心独具地设置了“四梁八柱”敞轩建筑景观:顶部采用中国传统建筑最高等级,为仿“藻井”式穹窿顶,通体包裹黄铜,寓意“革命理想高于天”;八根柱子分布在四个角,顶端架起四根梁,以建筑形式“四梁八柱”寓意中共中央同各民主党派和无党派人士共商国是,为中华人民共和国搭建“四梁八柱”的政治制度框架。同学们在学习生活中,也应该积极发挥自己的聪明才智,为班级、为学校治理建言献策。在装饰施工图深化设计中,墙、柱面节点大样图应该如何绘制,才能达到这样的效果呢?本节课我们就一起学习。

码 3-23 建筑装饰施工图墙、柱面节点大样图的绘制——PPT

3.6.2 学习内容

3.6.2.1 墙柱面装饰详图的绘制内容及要求

1. 墙柱面装饰详图的绘制内容

墙柱面装饰详图主要是表现墙面和柱面的面层装饰材料及面层材料之下的基层构造形式,对墙柱面装饰工程施工有着重要的指导作用。其绘制内容主要包括:

(1)完成面层级(图 3-35,图标①)

主要是表现设计方案的造型尺寸及所用的装饰材料,通过造型尺寸及所用的装饰材料推断出工艺可实现的相关基层构造设计。

码 3-24 施工构造动画——乳胶漆墙面

(2)基层材料层级(图 3-35,图标②)

根据墙柱面的完成面的造型尺寸及装饰材料推断的完成面材质依附的基层材料及尺寸规格和相应的固定形式。在选择基层材料时需考虑防火等级要求、材料成本要求、人工成本要求,通过多方考量取最优方案。

(3)龙骨搭接层级(图 3-35,图标③)

当墙柱面龙骨使用木质龙骨时需要涂防火、防腐涂料,若有防火等级要求,则普遍使用轻钢龙骨和钢结构。但具体使用哪类型的龙骨材质还需根据完成面造型做判断。

码 3-25 施工构造动画——墙纸

(4)图面标注层级(图 3-35,图标④)

尺寸标注:标注出墙柱面装饰造型尺寸,需避免尺寸漏标、重叠等现象。

引线文字标注:标注墙柱面装饰材料名称及规格、龙骨系统及龙骨规格、支撑和连接材料及构件、配件之间的相互关系与相关注意事项等。

码 3-26 施工构造动画——干挂石材

2. 墙柱面装饰详图的绘制的要求

在绘制墙柱面装饰详图时,需要注意图纸图面的表现要求、完成面尺寸比例设置及标注设置的表现要求。

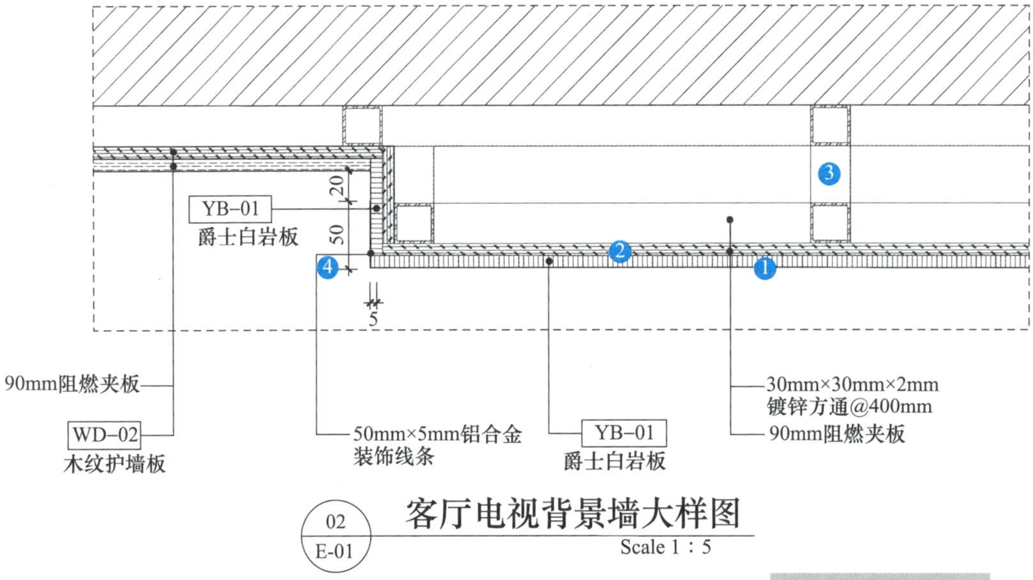

图 3-35　墙面装饰详图绘制内容

(1)图纸图面线型设置的表现要求

① 原建筑墙体及楼板外轮廓线使用粗实线表现；

② 墙柱面完成面使用粗实线表现；

③ 墙柱面基层材料使用中实线表现；

④ 墙柱面龙骨系统使用中实线表现；

⑤ 墙柱面节装饰详图材质填充使用细实线表现；

(2)完成面尺寸比例设置表现要求

① 墙柱面完成面尺寸≥3500mm 时，比例为 1：15；

② 墙柱面完成面尺寸≥1500mm 时，比例为 1：10；

③ 墙柱面完成面尺寸≥500mm，比例为 1：5；

④ 墙柱面完成面尺寸≥100mm 时，比例为 1：2；

⑤ 墙柱面完成面尺寸≥1mm 左右时，比例为 1：1。

(3)标注设置的表现要求

① 尺寸标注：尺寸标注应与 x，y 轴平行，标注尺寸数值为整数，不能出现标注重合。

② 引线标注：引线标注文字大小需符合制图规范，内容简洁易懂，不能出现文字重合。

码 3-27　施工构造动画——木饰面墙面

码 3-28　施工构造动画——软包墙面

码 3-29　施工构造动画——轻钢龙骨隔墙式纸面石膏板

3.6.2.2　绘制墙柱面装饰详图的绘制的流程

以案例的住宅项目为例，绘制墙柱面节点大样图必须与设计方案和平面图、立面图中表述的装饰材料、造型样式、标高尺寸、防火等级要求等内容一致，并要求在绘制墙柱面装饰详图时，需对照相应的剖切位置参照绘制。绘制步骤流程如下：

1. 确定绘制装饰位置

明确绘制墙柱面装饰详图的装饰位置，装饰位置的平面图或立面图作为绘制墙、柱面装饰详图的参考依据。

2. 绘制扩初图

计算墙柱面完成面与原建筑墙体或柱之间的距离，确定墙柱面的完成面位置。之后绘制墙体或柱完成面的外轮廓线，向原建筑墙体或柱方向绘制完成面材料的剖切厚度，并进行材质填充（图 3-36）。

墙柱面装饰详图的完成面位置确定需根据面层装饰材料及基层装饰材料的尺寸规格及材料的厚度计算出面层完成面与原建筑墙体之间的距离。

3. 绘制基层材料及龙骨支撑

根据装饰空间墙柱面完成面层材料选取基层所使用的材料和龙骨的规格及尺寸，龙骨搭建形式等，并进行材质填充（图 3-37 和图 3-38）。

码 3-30 施工构造动画——轻钢龙骨隔墙式金属薄板

码 3-31 建筑装饰施工图墙、柱面节点大样图的绘制——教学录屏

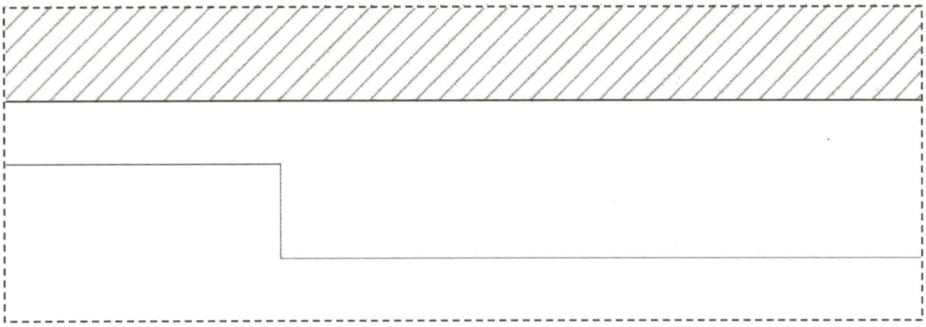

图 3-36 墙面装饰详图外轮廓线绘制

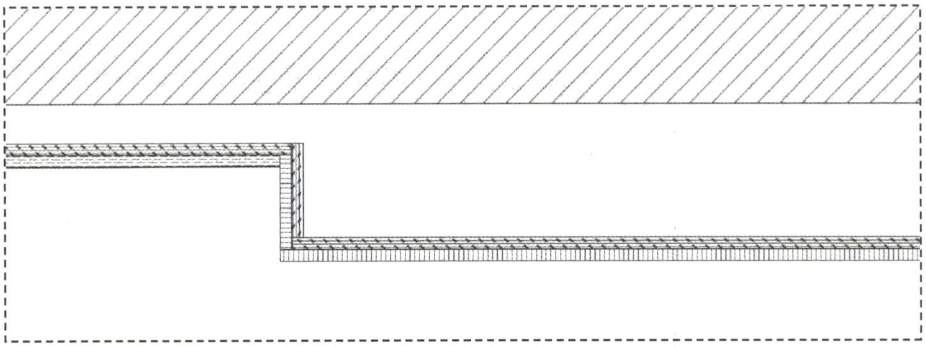

图 3-37 墙面装饰详图基层材料绘制及填充

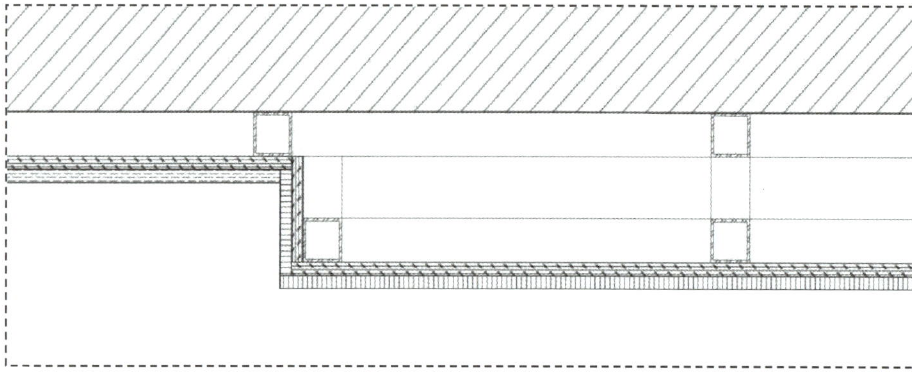

图 3-38 墙面装饰详图龙骨绘制

绘制墙柱面装饰详图时，可从墙柱面的完成面向基层绘制。图中装饰面层材料采用 10mm 厚的岩板，基层材料采用 12mm 厚多层板，岩板采用专用胶水粘至基层板上。

装饰详图基层龙骨骨架采用 300mm×300mm×2mm 的镀锌方通作为基层支撑。

4. 深化装饰详图

深化图墙、柱面装饰详图的优化处理措施，如加固措施、收口安装、观感处理等方面的绘制(图 3-39)。

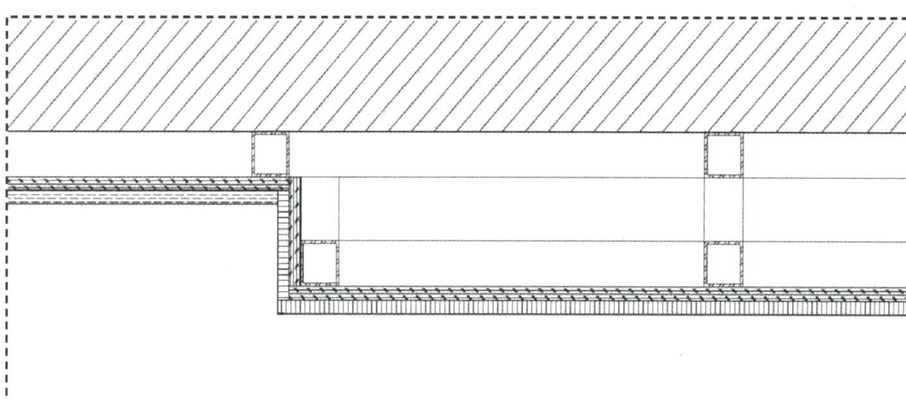

图 3-39 墙面装饰详图施工优化处理措施绘制

墙面转折处安装 50mm×5mm 铝合金装饰线条既能起到装饰作用又能起到保护面层材料的作用。

5. 详图标注设置

绘制墙柱面的完成面及含有重要节点构造信息的尺寸标注。引线文字标注标出墙柱面节点大样图的材料编号、材料名称、材料规格等。对于构件及工艺说明应更具体、更详尽、更规范、更标准(图 3-40)。

装饰详图模型绘制完成后，再进行标注设置。需设置墙柱面装饰详图的尺寸、材料名称规格、图名图号和图纸比例。

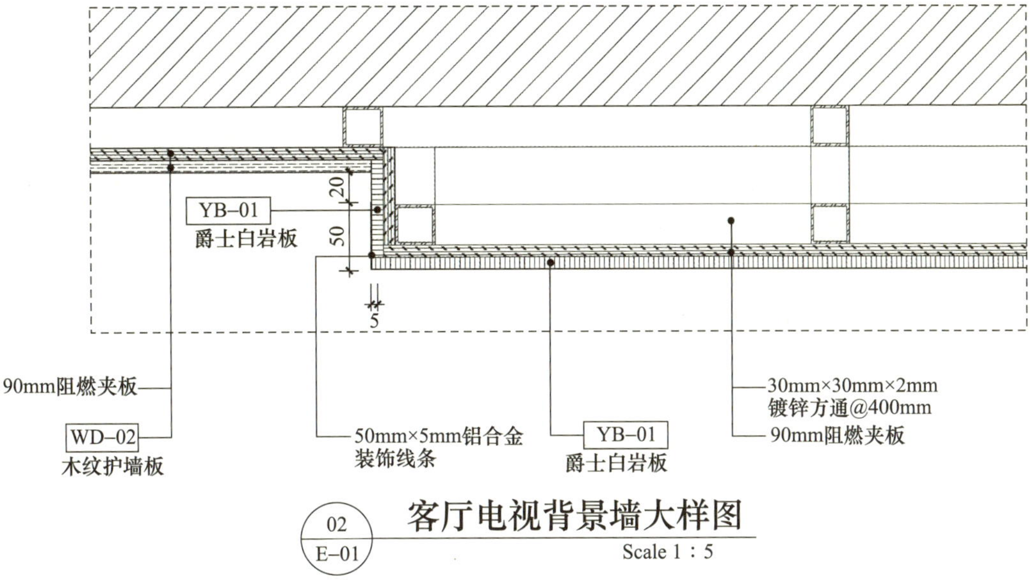

图 3-40 墙面装饰详图标注设置

3.6.3 课程思考

1. 墙柱面的装饰详图标注设置表现要求有哪几点?
2. 如何确定墙柱面装饰详图的装饰位置?
3. 深化墙柱面装饰详图是指深化哪些内容?

3.7 建筑装饰施工图固定家具节点大样图的绘制

3.7.1 知识导入

清康熙年间,为了满足皇宫对家具陈设与装饰器物的需求,清政府召集能工巧匠,对民间家具加以改良。其中圈椅进入皇宫之后,发生了华丽蜕变,一跃成为皇家御用的皇宫椅。它端正平稳、气宇轩昂、对于一些需要庄严、威严的正式场合来说,皇宫椅是中华民族木制家具的杰出代表,承载着中华民族的艺术智慧和厚重文化底蕴。皇宫椅的制作要求极为严格,必须全部榫卯结构,环环相扣。由此可见,家具的选择与制作在建筑装饰中的重要地位。与皇宫椅这种可移动家具相比,固定家具对于装饰施工设计的要求更高,对于尺寸与材质的要求更严格,所以我们要以精益求精的工匠精神来完成这项工作。本节课,我们就来学习建筑装饰施工图固定家具节点大样图的绘制。

3.7.2 学习内容

码 3-32 建筑装饰施工图固定家具节点大样图的绘制——PPT

3.7.2.1 固定家具装饰详图的绘制内容及要求

1. 固定家具装饰详图的绘制内容

固定家具通常为根据建筑空间形式专门设计定制的电视柜、餐柜、衣柜、书柜等储物柜。这类储物柜既能实现与空间装饰效果融为一体，又能增加空间使用率，从而实现了美观与实用并存的效果。

固定家具装饰详图主要是表现固定家具使用的装饰材料、五金材料和固定家具内部的空间分隔形式，对固定家具的制作与安装起到重要的指导作用。其绘制内容主要包括：

(1)完成面层级(图 3-41，图标①)

主要是表现设计方案的造型尺寸及所用的装饰材料，通过造型尺寸及所用的装饰材料推断出工艺可实现的相关基层构造设计。

(2)基层材料层级(图 3-41，图标②)

根据固定家具完成面的造型尺寸及装饰材料推断出完成面材质依附的基层材料及尺寸规格和相应的固定形式。在选择基层材料时需考虑防火要求、材料成本要求、人工成本要求，通过多方考量取最优方案。

(3)五金配件层级(图 3-41，图标③)

根据固定家具的安装形式与使用情况选择合适的五金配件。如金属合页、金属镶边、金属拉手等。

(4)图面标注层级(图 3-41，图标④)

尺寸标注：标注固定家具装饰造型尺寸，需避免尺寸漏标、重叠等现象。

引线文字标注：标注固定家具材料名称及规格等。

2. 固定家具节点大样图的绘制要求

在绘制固定家具装饰详图时，需要注意图纸图面的表现要求、完成面尺寸比例设置表现要求、标注设置的表现要求。

(1)图纸图面线型设置的表现要求

① 原建筑墙体及楼板外轮廓线使用粗实线表现；

② 固定家具完成面使用中实线表现；

③ 固定家具五金材料使用细实线表现；

④ 固定家具装饰详图所用材质填充使用细实线表现；

(2)完成面尺寸比例设置表现要求

① 固定家具完成面尺寸≥3500mm 时，比例为 1∶15；

② 固定家具完成面尺寸≥1500mm 时，比例为 1∶10；

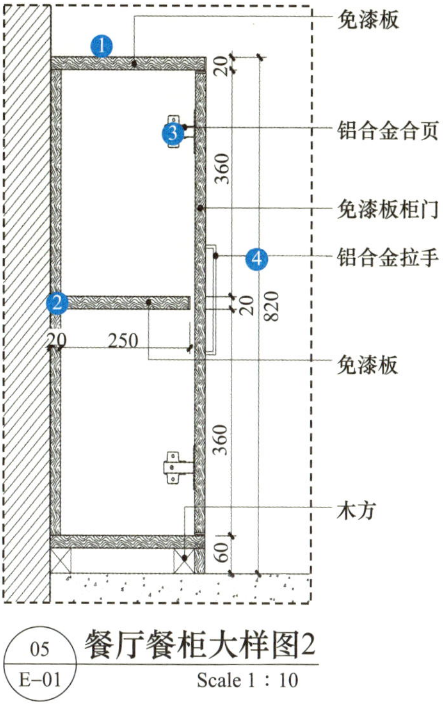

图 3-41 餐柜详图绘制内容

③ 固定家具完成面尺寸≥500mm，比例为 1∶5；

④ 固定家具完成面尺寸≥100 mm 时，比例为 1∶2；

⑤ 固定家具完成面尺寸为≥1 mm 左右时，比例为 1∶1。

(3)标注设置的表现要求

① 尺寸标注：尺寸标注应与 x，y 轴平行，标注尺寸数值为整数，不能出现标准重合；

② 引线标注：引线标注文字大小需符合制图规范，内容简洁易懂，不能出现文字重合。

3.7.2.2 固定家具装饰详图的绘制的流程

以案例的住宅项目为例，绘制固定家具节点大样图必须与设计方案和平面图、立面图中表述的装饰材料、造型样式、标高尺寸、防火等级要求等内容一致，并要求在绘制固定家具装饰详图时，对照相应的剖切位置参照绘制。绘制步骤流程如下：

码 3-33 建筑装饰施工图固定家具节点大样图的绘制——教学录屏

(1)确定绘制位置

明确绘制固定家具装饰详图的装饰位置，相应位置的平面图或立面图作为绘制装饰详图的参考依据。

(2)绘制扩初图

确定固定家具的完成面与原建筑墙体之间的距离。绘制固定家具完成面的外轮廓线，向原建筑墙体方向绘制完成面材料的剖切厚度，并进行材质填充(图 3-42 和图 3-43)。

固定家具装饰面层位置的确定需参照平面图与立面图中固定家具宽度和深度的尺

寸设置，且需符合人体工程学的设计要求。

绘制固定家具装饰详图时，可由家具外轮廓向家具轮廓内绘制。图中固定餐柜框架材料和柜门采用 15mm 厚免漆板，柜门与柜体框架连接处留 3mm 伸缩缝。餐柜与地面相连处设 80mm 防水台，并用木质龙骨作为骨架支撑。

图 3-42　固定家具装饰详图外轮廓线绘制

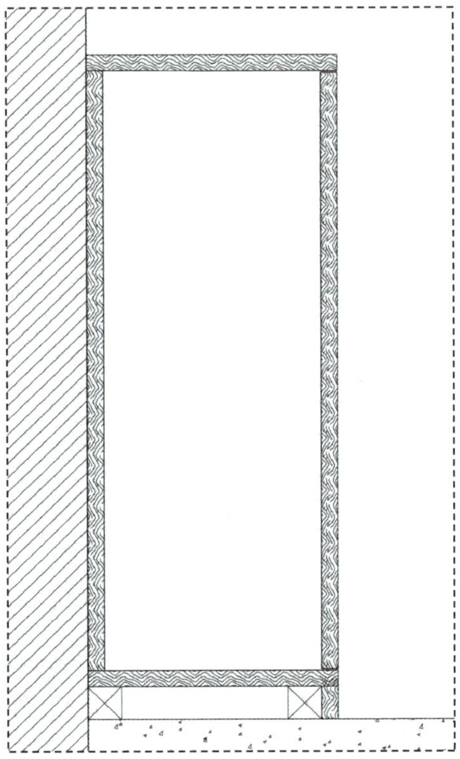

图 3-43　固定家具装饰详图绘制材料厚度与材质填充

(3)绘制内部分隔层

参照立面图绘制固定家具内部分隔层外轮廓线，并进行材质填充(图 3-44)。

餐柜外框架绘制完成后，需划分柜体内部的使用空间。绘制时需考虑使用空间设置的合理性。柜体内的分层材料选用与柜体框架一致样式和尺寸规格的免漆板。

(4)深化装饰详图

深化固定家具装饰详图的优化处理措施，如金属配件、收口、观感处理等(图 3-45)。

为固定家具设置金属配件，图中柜体安装了金属烟斗铰链及金属拉手。

(5)图标注设置

绘制固定家具完成面及含有重要构造信息的尺寸标注。引线文字标注标出固定家具装饰详图的材料编号、材料名称、材料规格等(图 3-46)。

装饰详图模型绘制完成后，再进行标注设置。需设置餐柜装饰详图的尺寸、材料名称规格、图名图号和图纸比例。

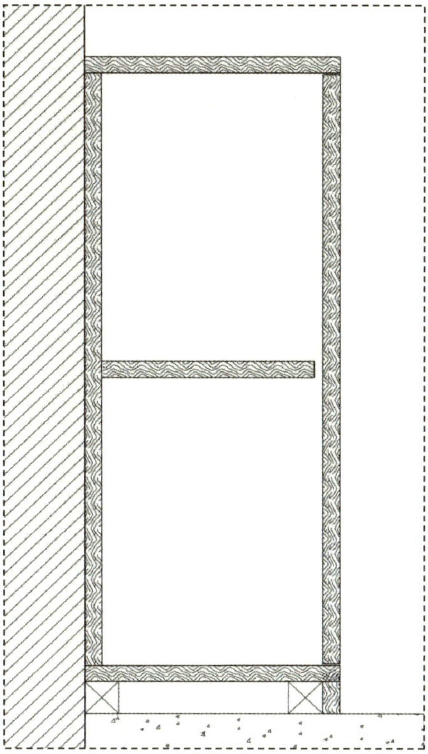

图 3-44　固定家具装饰详图内部分隔层绘制

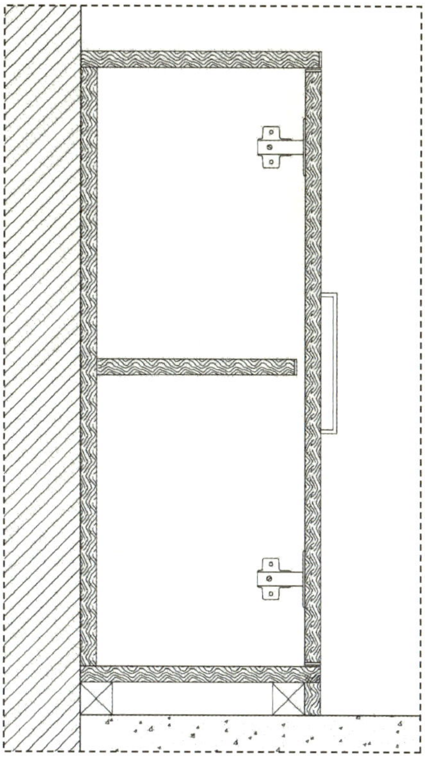

图 3-45　固定家具装饰详图施工优化处理措施绘制

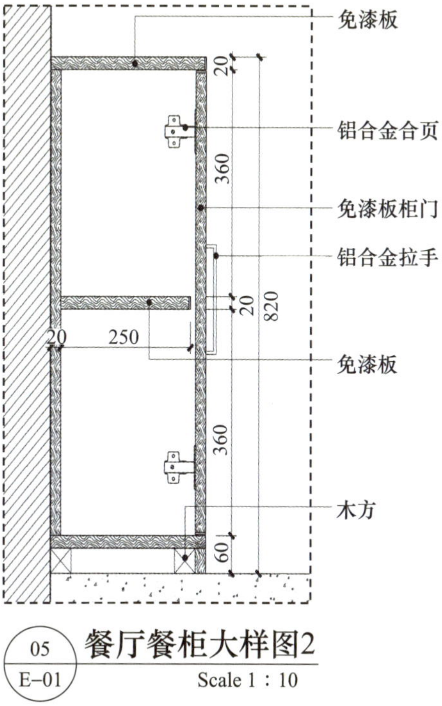

图 3-46　固定家具装饰详图图标注设置

3.7.3 课程思考

1. 固定家具装饰详图基层材料需要考虑防火性吗？为什么？
2. 固定家具装饰详图的线型设置中材料填充需用哪类线型？
3. 如何确定固定家具装饰详图中分隔层的位置？

3.8 建筑装饰施工图装饰详图的绘制

3.8.1 知识导入

中式传统门作为中国传统建筑的一部分，是具有中国传统文化特色的艺术之一。中式传统门窗装饰艺术遵循着人类爱美的天性，除了实用功能之外还包含着许多具有民族特色的审美文化，根据古建筑装修的特点，凡建筑功能相同或类似的装修，在构造方式、榫卯结合技术、制作安装工艺等方面，都有许多相似和共同的地方。中式审美一向讲究“犹抱琵琶半遮面”，中国古代的门，就像一道半透半掩的帷幔，将个人与外界“欲隔还连”——门之内，是怡然自得的个人空间。敞窗推门，又可与浩渺无垠的大千世界相连。中式门的千年风雅：不只分割空间，更是艺术与灵感的源泉，是中华优秀传统文化的重要载体，凝结着匠人漫长时间和思量的古代门窗，与其说是“技术”，不如说是“艺术”。它们承载着古人对空间的想象、对天地的理解，以及对人生的感悟和追求。在建筑装饰施工中，门的施工工艺要求也同样严格，无论在常规装饰门抑或艺术性装饰门设计中，更是局部误差要求为零，是精益求精、追求卓越的最直接体现。这就需要设计师们对其施工图绘制环节充分的重视，如何达到这种要求，这就需要用到建筑装饰施工图装饰详图的绘制。

3.8.2 学习内容

码 3-34 建筑装饰施工图装饰详图的绘制——PPT

3.8.2.1 门表装饰详图的绘制内容及要求

1. 门表装饰详图的绘制内容

门表装饰详图是对建筑装饰施工图中门及门框在项目中存在的成品门进行统计与统一管理归类的图表，其需要统计的门的类型有：装饰成品门、特殊空间装饰成品门、防火门，管井门等。其绘制内容主要包括：

(1)完成面层级(图 3-47，图标①)

主要是表现设计方案的造型尺寸及样式、装饰材料等。

(2)基层材料层级(图 3-47,图标②)

根据门及门框的不同类型选择基层材料,如木质成品门基层通常选用木质龙骨和木质基层板,木质隔音门需在木质龙骨中填充隔音门等。

(3)五金配件层级(图 3-47,图标③)

根据门的安装形式的不同选择合适的五金配件。如金属合页、金属轨道、金属拉手等。

(4)图面标注层级(图 3-47,图④)

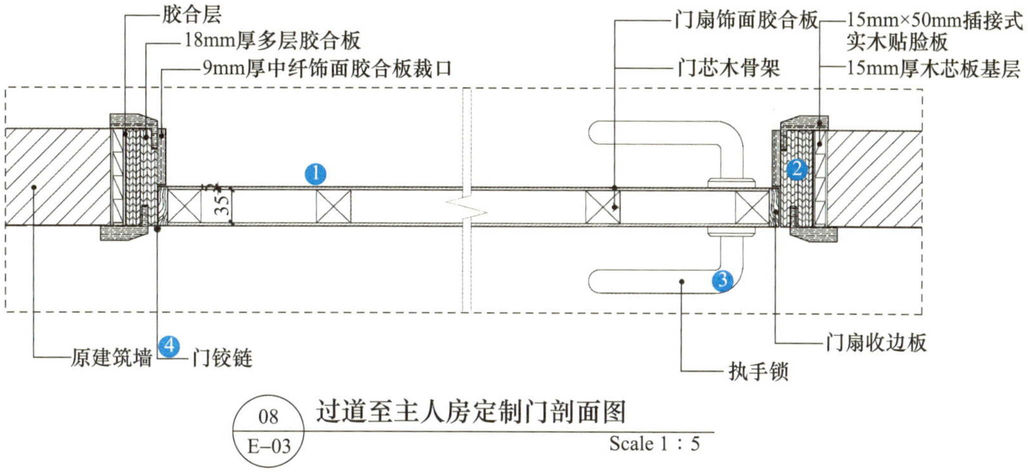

图 3-47 门详图绘制内容

(5)尺寸标注:标注门及门框、门面装饰的造型尺寸,需避免尺寸漏标、重叠等现象。

引线文字标注:标注门及门框的材料名称和规格等。

2. 门表装饰详图的绘制的要求

在绘门表装饰详图时,需要注意图纸图面的表现要求、完成面尺寸比例设置表现要求、标注设置的表现要求。

(1)图纸图面线型设置的表现要求

① 原建筑墙体及楼板外轮廓线使用粗实线表现;

② 门及门框完成面使用中实线表现;

③ 五金件使用细实线表现;

④ 门及门框所用材质填充使用细实线表现。

(2)完成面尺寸比例设置表现要求

① 门及门框完成面尺寸≥3500mm 时,比例为 1 : 15;

② 门及门框完成面尺寸≥1500mm 时,比例为 1 : 10;

③ 门及门框完成面尺寸≥500mm,比例为 1 : 5;

④ 门及门框完成面尺寸≥100 mm 时,比例为 1 : 2;

⑤ 门及门框完成面尺寸为≥1 mm 左右时,比例为 1 : 1。

(3)标注设置的表现要求

① 尺寸标注:尺寸标注应与 x,y 轴平行,标注尺寸数值为整数,不能出现标准重合。

② 引线标注：引线标注文字大小需符合制图规范，内容简洁易懂，不能出现文字重合。

3.8.2.2 门表装饰详图的绘制的流程

码 3-35 建筑装饰施工图装饰详图的绘制——教学录屏

以案例的住宅项目为例，绘制门表装饰详图必须与设计方案和平面图、立面图中表述的装饰材料、造型样式、标高尺寸、防火等级要求等内容一致，并要求在门表装饰详图时，对照相应的剖切位置参照绘制。绘制步骤流程如下：

1. 确定绘制装饰位置

明确绘制门表装饰详图的位置，相应位置的平面图或立面图作为绘制装饰详图的参考依据。

2. 绘制扩初图

确定门及门框的完成面与原建筑墙体之间的距离。绘制门及门框完成面，并进行材质填充（图 3-48 和图 3-49）。

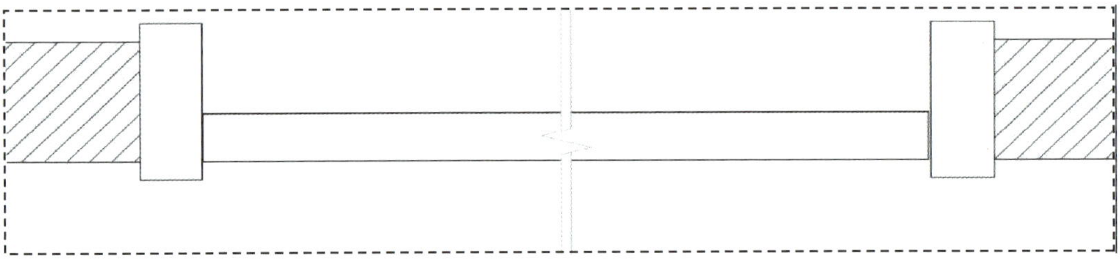

图 3-48 门详图绘制外轮廓线

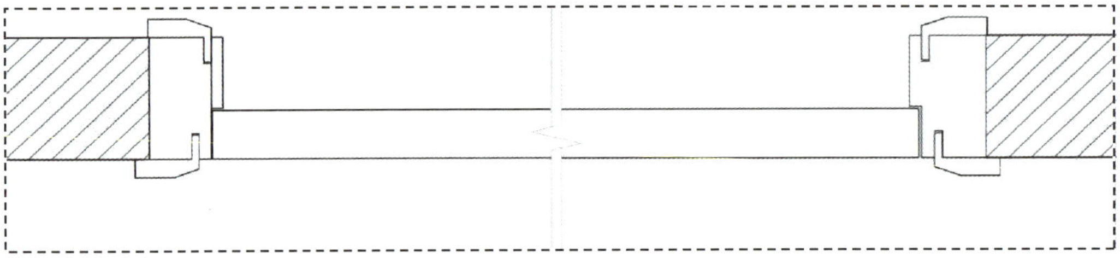

图 3-49 门详图外轮廓线造型深化

根据立面图确定门框与门扇的外轮廓的宽度，门扇预留伸缩缝和铰链缝。

深化绘制门框外轮廓造型样式。绘制门框与门扇时需注意错缝处理，并在错缝处预留约为 3mm 的伸缩缝。

3. 绘制基层材料

根据门及门框的类型绘制合适的基层材料（图 3-50 和图 3-51）。

深化绘制门框及门扇的基层材料规格尺寸。

填充门框及门扇的基层材料。计算门扇宽度，平均放置木龙骨。

4. 深化装饰详图

对门及门框装饰详图优化处理，如加五金配件等（图 3-52）。

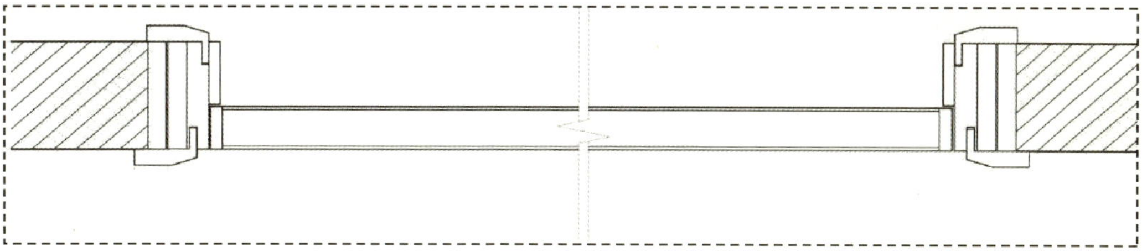

图 3-50 门详图基层材料规格深化

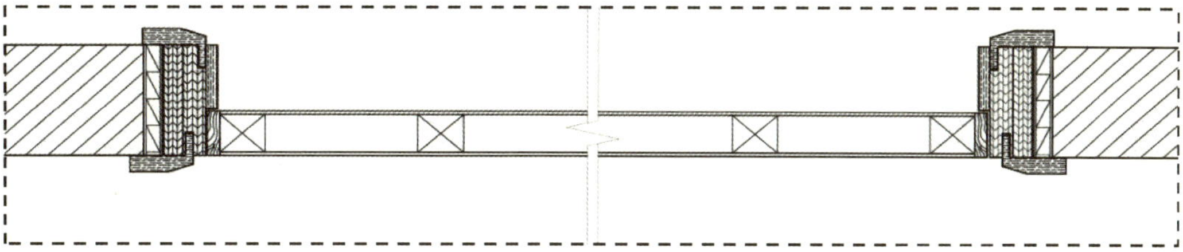

图 3-51 门详图基层材料填充

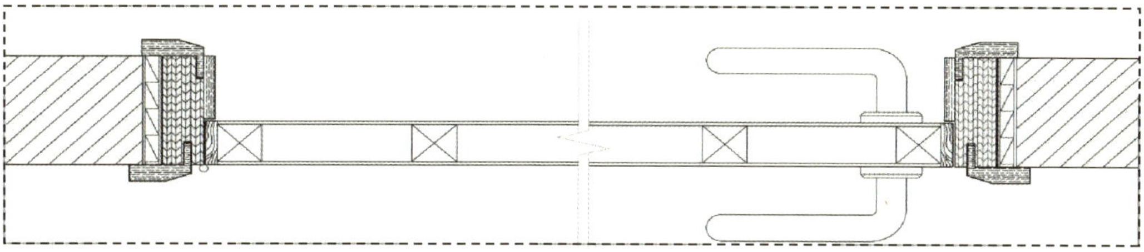

图 3-52 门详图五金配件绘制

绘制门框与门扇链接的铰链及金属把手。

5. 标注设置

绘制门及门框完成面的造型尺寸标注。引线文字标注标出门表装饰详图的材料编号、材料名称、材料规格等(图 3-53)。附上门表信息说明及五金配置表。

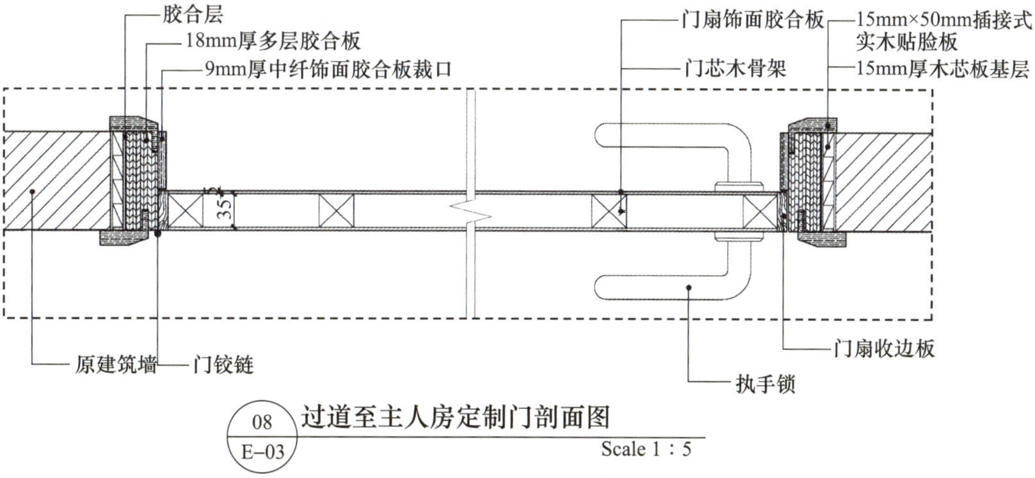

图 3-53 门详图标注绘制

当装饰详图模型绘制完成后，再进行标注设置。需设置餐柜装饰详图的尺寸、材料名称和规格、图名图号和图纸比例。

3.8.3 课程思考

1. 门表装饰详图的绘制的要求是什么？
2. 门表装饰详图5步骤绘制流程分别是什么？
3. 如何对门表装饰详图进行图标注设置？

3.9 实训

3.9.1 实训目的

通过实训项目，理解与掌握建筑装饰施工图的绘制内容和绘制要求。能够独立完成装饰详图的深化设计工作及装饰详图的绘制工作。

3.9.2 实训要求

1. 能够理解装饰设计方案意图，通过设计方案要求了解方案设计立意，明确装饰材料、造型设计、尺寸要求，绘制出建筑装饰施工图。

2. 通过绘图能力训练，掌握建筑装饰施工图的封面目录说明系统、平面图、立面图和装饰详图的深化设计绘图方法。

3. 通过绘图能力训练，掌握建筑装饰施工图的绘制规范要求。

4. 通过绘图能力训练，掌握装饰施工工艺要求，且能用图纸表达。

5. 通过绘图过程，理解建筑装饰施工图的绘制内容和程序，且能够对图纸的深化设计、绘制要求、绘制流程和绘制方法等进行实践验证。

码3-36　实训任务书

3.9.3 实训任务

1. 识读设计方案，理解设计方案意图

(1)任务书

已知某住宅建筑平面图(图3-54)和拆除平面图(图3-55)、新建墙体图(图3-56)及平面布置图(图3-57)，客厅效果图(图3-58，图3-59)、餐厅效果图(图3-60)、主卧房间(图3-61)及各空间使用的装饰材料情况(表3-9～表3-11)。住宅净层高2800mm、梁高

480mm、板厚 100mm；普通窗台高 660mm。请根据提供的建筑平面和效果图结合绘制内容画出建筑装饰施工图。

（2）原始平面图、拆除平面图、新建墙体图和平面布置图

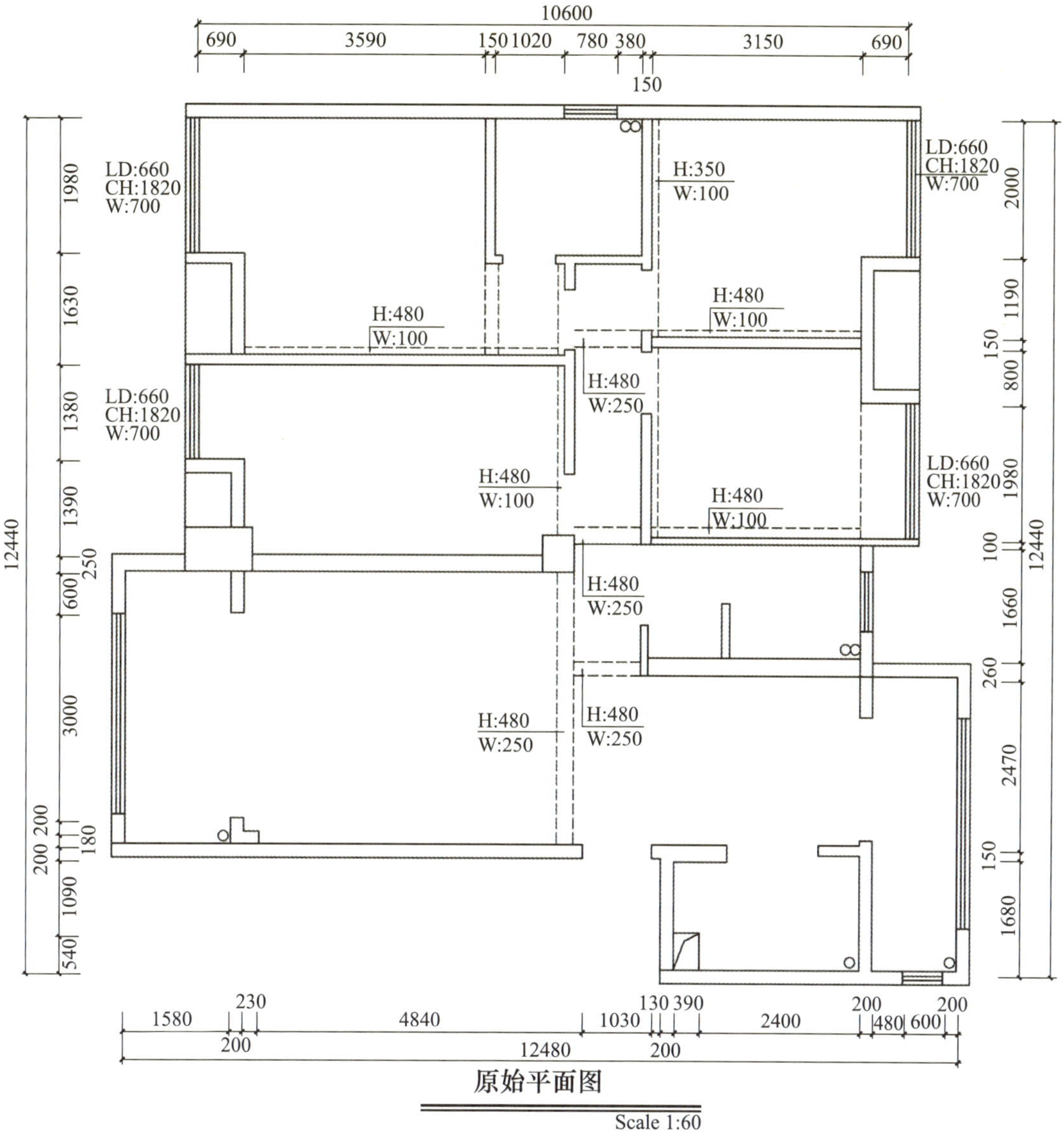

图 3-54 原始平面图

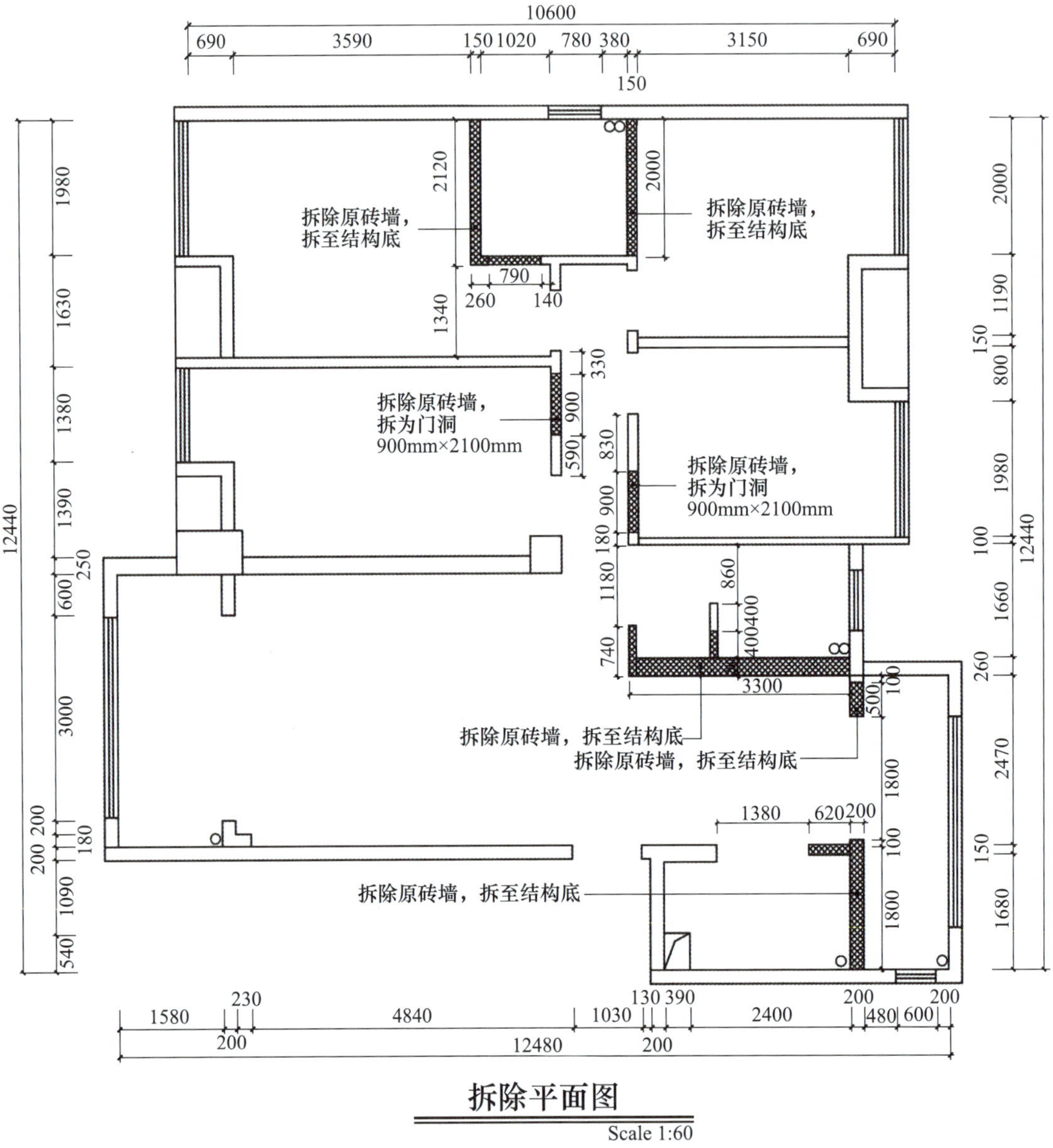
10600
690
3590
150
1020
780
380
3150
690
150
12440
1980
1630
1380
1390
250
600
3000
200
200
180
1090
540
2120
1340
790
260
140
2000
330
900
590
830
900
180
1180
860
400
400
740
3300
500
100
1800
1380
620
200
100
1800
2000
1190
150
800
1980
100
1660
260
2470
150
1680
12440
拆除原砖墙，
拆至结构底
拆除原砖墙，
拆至结构底
拆除原砖墙，
拆为门洞
900mm×2100mm
拆除原砖墙，
拆为门洞
900mm×2100mm
拆除原砖墙，拆至结构底
拆除原砖墙，拆至结构底
拆除原砖墙，拆至结构底
1580
230
200
4840
1030
130
390
2400
200
480
600
200
12480
200
拆除平面图
Scale 1:60

图 3-55　拆除平面图

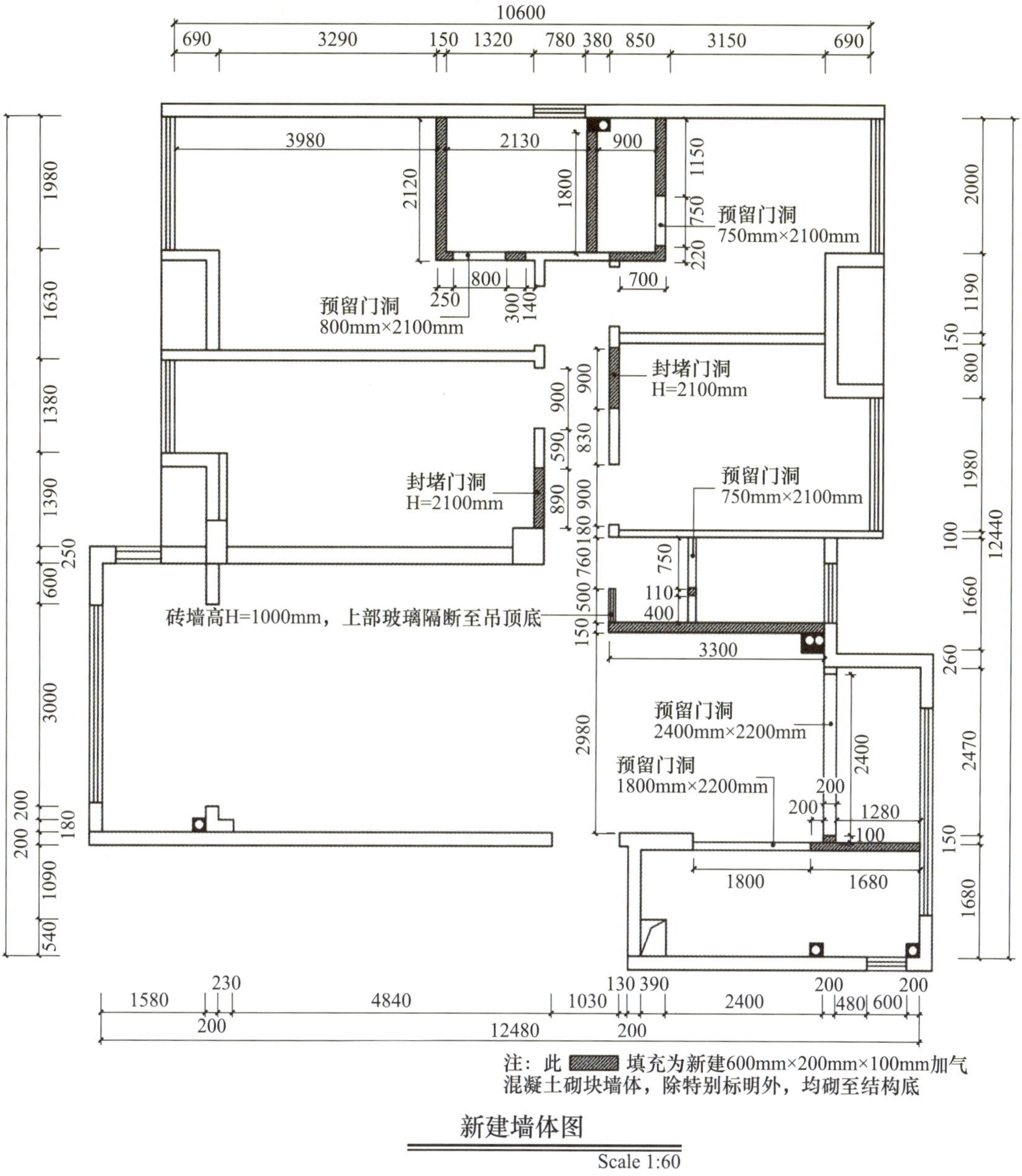

图 3-56 新砌墙体平面图

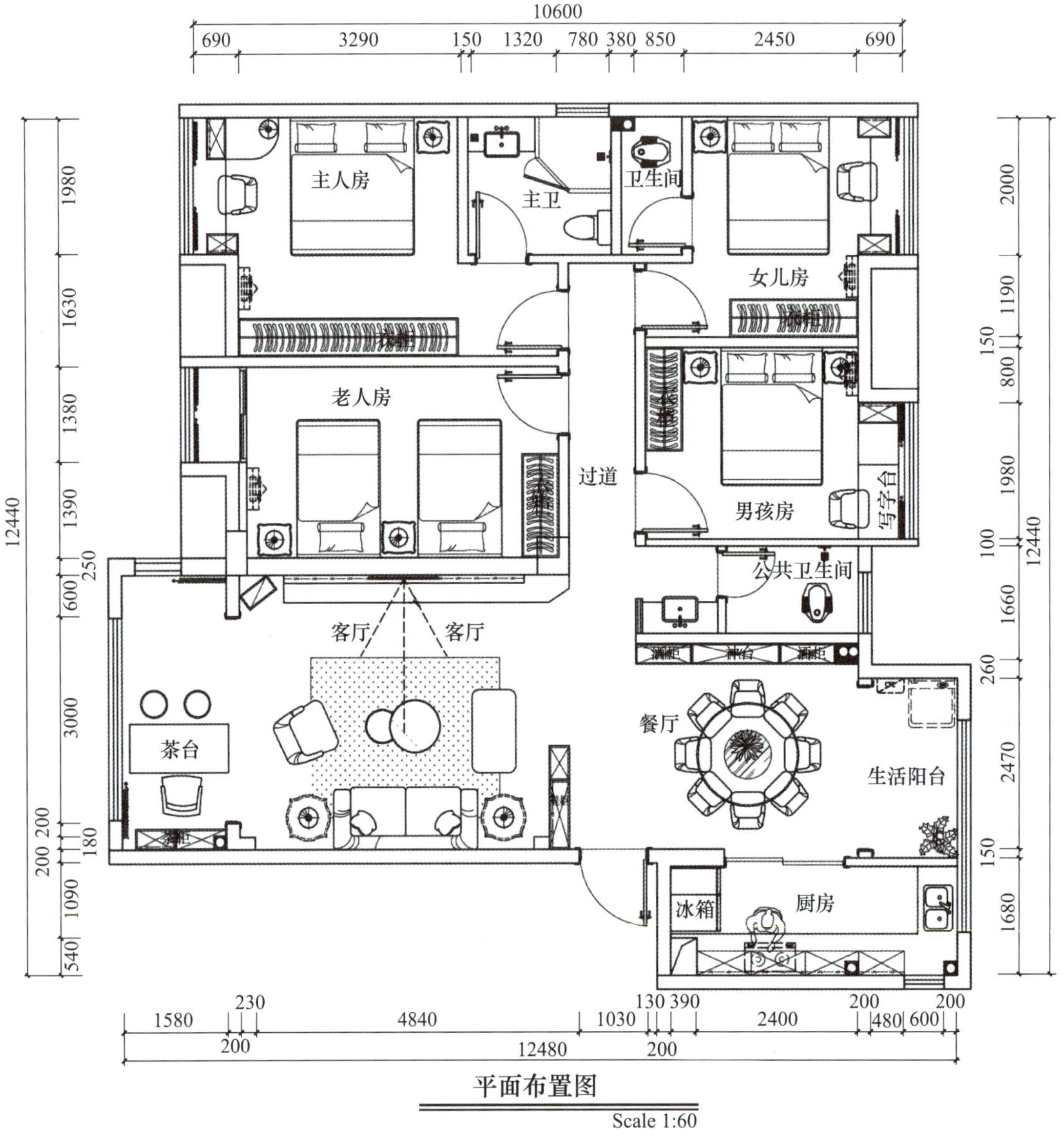

10600
690
3290
150
1320
780
380
850
2450
690
主人房
主卫
卫生间
女儿房
老人房
过道
男孩房
写字台
公共卫生间
客厅
客厅
茶台
餐厅
生活阳台
冰箱
厨房
1980
1630
1380
1390
250
600
3000
200
200
180
1090
540
12440
2000
1190
150
800
1980
100
1660
260
2470
150
1680
12440
1580
230
200
4840
1030
130
390
200
2400
200
480
600
200
12480
平面布置图
Scale 1:60

图 3-57 平面布置图

(3)方案效果图及装饰材料说明

图 3-58　客厅效果图

图 3-59　客厅沙发背景墙效果图

图 3-60　餐厅效果图

表 3-9　客厅装饰材料表

序号	装饰部位	材料名称	材料规格
1	地面	仿大理石瓷砖	1500mm×750mm×10mm
2	踢脚线	黑色瓷砖	120mm×800mm×10mm
3	顶棚	白色无机涂料	—
4	金属装饰线条	黑色拉丝不锈钢	1mm 厚
5	墙面	意大利艺术涂料	—
6	墙面	白色无机涂料	—
7	电视背景墙	爵士白岩板	9mm 厚
8	电视背景墙	木纹护墙板	9mm 厚竹木纤维护墙板
9	沙发背景墙	白色护墙板	9mm 厚竹木纤维护墙板
10	沙发背景墙	卡其色护墙板	9mm 厚竹木纤维护墙板
11	电视柜	黑白根大理石	20mm 厚
12	门套	灰色木纹护墙板	9mm 厚竹木纤维护墙板

表 3-10　餐厅装饰材料表

序号	装饰部位	材料名称	材料规格
1	地面	仿大理石瓷砖	1500mm×750mm×10mm
2	踢脚线	黑色瓷砖	120mm×800mm×10mm
3	顶棚	白色无机涂料	—
4	墙面	白色无机涂料	—

图 3-61　主卧效果图

表 3-11　卧室装饰材料表

序号	装饰部位	材料名称	材料规格
1	地面	实木地板	150mm×900mm×20mm
2	踢脚线	实木踢脚线	80mm×900mm×20mm
3	顶棚	白色无机涂料	—
4	装饰线条	工字形铝合金装饰线条	5mm 宽
5	墙面	意大利艺术涂料	—
6	床头背景墙	浅灰色护墙板	9mm 厚竹木纤维护墙板
7	门套	灰色木纹护墙板	9mm 厚竹木纤维护墙板

2. 建筑装饰施工图图纸的绘制内容(表 3-12)

表 3-12　图纸绘制内容表

序号	绘制内容	图纸内容
1	封面目录说明系统	图纸封面
		图纸目录
		施工说明
		材料说明
2	平面图	原始平面图
		拆除平面图
		新建墙体图

续表

序号	绘制内容	图纸内容
2	平面图	平面布置图
		顶棚布置图
		顶棚造型尺寸及灯具定位图
		地面铺装图
		插座布置图
		开关定位图
3	立面图	客厅、餐厅立面图 1
		客厅、餐厅立面图 2
		客厅、餐厅立面图 3
		客厅、餐厅立面图 4
		主人房立面图 5
		主人房立面图 6
		主人房立面图 7
		主人房立面图 8
4	装饰详图	客厅、餐厅吊顶大样图
		客厅电视背景墙大样图
		客厅沙发背景墙大样图
		餐厅橱柜大样图
		主人房吊顶大样图
		主人房门槛石地面大样图
		主人房门大样图

3.9.4 评价标准

码 3-37 实训参考答案

1. 对施工图理论知识的掌握(20 分)。

(1)能够正确理解装饰施工图的内容及制图要求(10 分)。

(2)了解并掌握装饰构造的内容及要求,并能够完成深化设计(10 分)。

2. 能够正确完成施工图的深化设计(60 分)。

(1)具备基本的施工图绘图能力(20 分)。

(2)具备装饰详图的绘制能力(15 分)。

(3)具备施工图绘图的深化能力(15 分)。

(4)具备图面的设置能力(10 分)。

3. 制图思维能力(20 分)

(1)具备边绘图边思考,及时协同解决问题的能力(10 分)。

(2)具备根据装饰造型思考装饰详图绘制的能力(10 分)。

4 建筑装饰施工图图表编制

学习重点、难点

学习重点：建筑装饰施工图图表编制内容，建筑装饰施工图图表编制流程。

学习难点：建筑装饰施工图中图表编制的要求。

学习目标

熟悉装饰施工图图表的内容和编制顺序，掌握装饰施工图图表的编制要求，了解装饰施工图的图面设计原则，进行图面设计和排版；按照项目要求编制出符合规范要求、图面效果合格的装饰施工图文件。

思政元素

在课程思政视域下组织本章节教学工作，在专业教学同时，从工匠精神、传承做法、传统美德、吃苦耐劳、审美培养等层面引导学生，让学生拥有熟练识读工程施工图，掌握施工图图表绘制的能力，引导其具备正确的价值观，树立规范意识和专业责任感。让学生透过教师导入的思政内容，增加对专业知识的学习兴趣，在研究中增强对内容的把握，心中植入工匠精神，正确理解社会主义核心价值观。

4.1 建筑装饰施工图图表范围

4.1.1 知识导入

建筑设计中施工图是直接指导施工的重要依据，图表是否准确是影响图纸质量的关键环节，需要十分严谨细致的态度和坚持不懈的努力，从业者具备一颗匠心去研究学习，勤奋严谨地研究规范画法。同学们是初次学习该知识内容，下面的案例或许会对你有所启发。

2021年的5月22日，袁隆平院士离世。大家都在发自内心地悼念、感谢这位“当代神农”，以及他的“禾下乘凉梦”。20世纪60年代，完全靠自己摸索经验的袁隆平发现，水稻中有一些杂交组合有优势。他认定这是提高水稻产量的重要途径。培育杂交水稻的念头，第一次浮现在他的脑海。他认定“实事求是才是做学问的态度”，决心选育出雄性不育的特殊水稻品种。为此，袁隆平每天都跑进稻田里仔细寻觅天然的水稻雄性不育株。酷暑时节，他赤脚踩在稻田里，手拿放大镜，在几千几万个稻穗里寻找，像大海捞针一样。日复一日，没有收获，但他总是乐观地期待着。他知道这种不育株，尽管概率为数万分之一，但总归还是会有的。这种意念支撑着他。终于，在观察了14余万株稻穗后，他在洞庭早籼品种中发现了第一株雄性不育株！这也意味着，袁隆平在攻克杂交稻育种难题上，跨出了关键的第一步。

通过袁隆平的案例可知，成功没有捷径，让我们带着勤奋严谨的态度，像浇灌稻穗一般浇灌和培养我们学习的匠心，本节课我们一起学习建筑装饰施工图图表范围。

4.1.2 学习内容

码4-1 建筑装饰施工图图表范围——PPT

4.1.2.1 建筑装饰施工图图表编制内容及要求

1. 编制内容

建筑装饰施工图以文本形式编制、装订、打印，文本的编制内容和编排方式十分重要，合理的文本编排更易于查找和读图。

建筑装饰施工图编制内容包括：封面、图表（图纸目录、施工图设计说明、材料表等相关图表）、总图、分图施工图、分图详图、设备图、其他说明图纸。

2. 编制要求

码4-2 建筑装饰施工图图表范围——微课动画

编制的施工图表要求规范、严谨，能作为编制工程预、决算和作为进行施工招标的依据，能指导安排设备、材料订货和非标准设计的制作；能用于指导进行施工和安装；能以此为依据以进行施工验收。

（1）封面

封面编制深度要求应包括项目名称、编制单位、设计阶段（施工图设计）、编制日期等，封面上应盖设计单位的设计专用章。

（2）图表

建筑装饰施工图的图表主要包括：图纸目录表、施工图设计说明、装饰材料表、灯光图表、家具图表、门窗图表、设备图表及五金图表等。根据装饰工程的类型、规模和设计要求，可对图表进行增减。

(3)图施

建筑装饰施工图的图施包括:建筑原始平面图、建筑拆墙及砌墙平面图、平面布置图及家具定位图、地面铺装图与地面拼花定位图、顶棚、天花图与天花定位图、平面插座布置图、顶棚灯位开关控制图及装饰立面图等。根据装饰工程的类型、规模和设计要求,可以对施工图进行适当增减。

(4)装饰详图

建筑装饰施工图的装饰详图包括:楼地面装饰详图、顶棚装饰详图、墙柱面节点装饰详图及固定家具节点装饰详图等。根据装饰工程的类型、规模和设计要求,装饰详图可以进行增减。

(5)设备

设备工种另见各专业规范,大类内容包括风施、电施及水施。

4.1.2.2 建筑装饰施工图图表编制流程

建筑装饰施工图设计文件应根据已获批准的设计方案进行编制,内容以施工图设计图表为主,文件编制顺序依次应为：封面、图纸目录、设计及施工说明书、建筑装饰(材料)做法表及图纸等。整套建筑装饰施工图编制网络结构及排图序列如图 4-1 所示,它表示了图与图之间的逻辑关系与排列顺序。

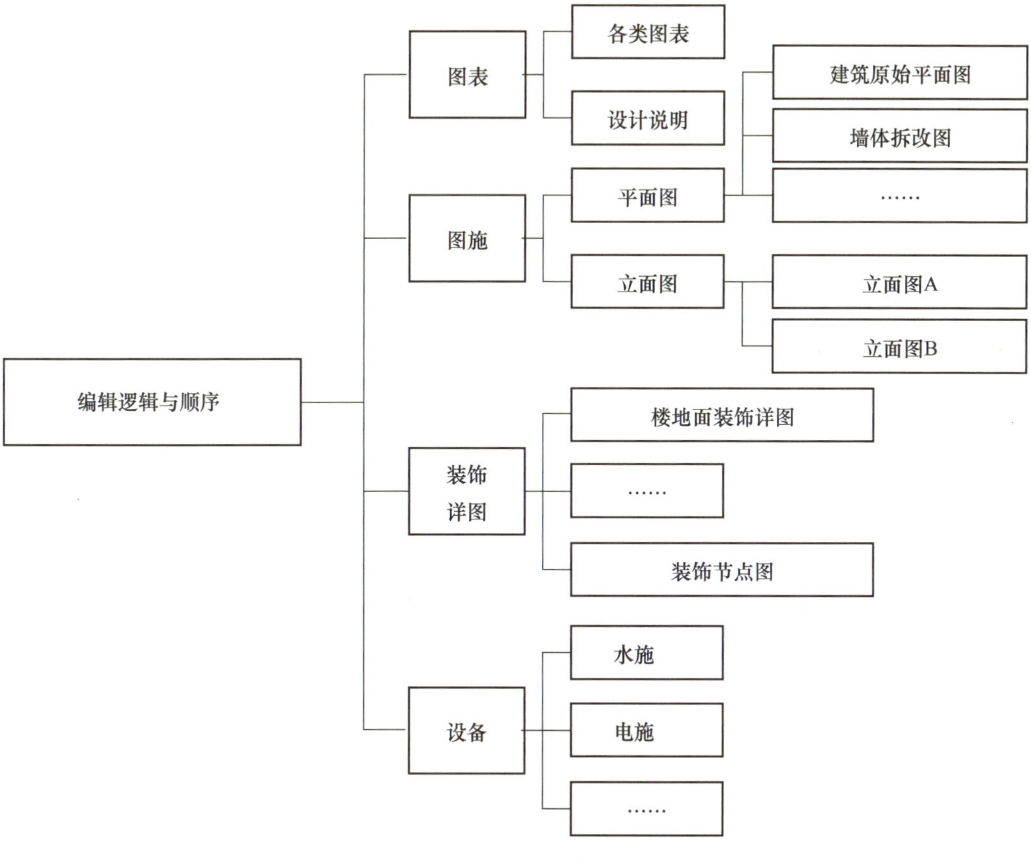

图 4-1 装饰施工图编制网络结构及排图序列

4.1.3 课程思考

1. 装饰施工图图表编制的内容包含什么?

2. 装饰施工图图表编制的顺序是什么?

4.2 实训

4.2.1 实训目的

通过实训,充分理解建筑装饰施工图文件编制的内容与要求,掌握建筑装饰施工图文件编制方法,能独立完成图纸文件的编制工作。

4.2.2 实训要求

1. 通过图面设计能力训练掌握建筑装饰施工图的图面设计方法。

2. 通过图纸文件编制训练掌握建筑装饰施工图编制的规范要求。

3. 通过图纸文件编制过程理解建筑装饰施工图文件的编制内容及程序,对建筑装饰施工图的图面设计、编制要求、编制流程和编制方法等进行实践验证,并能举一反三。

4.2.3 实训任务

1. 单项图表编制训练

根据模块 2“章节 3 建筑装饰施工图深化设计”中 9 的实训任务所绘制的建筑装饰施工图进行图纸目录的编制。

码 4-3 实训任务书

图纸目录编制顺序要求见表 4-1;图纸目录编写格式见表 4-2

表 4-1 图纸目录图号顺序

序号	图纸内容	图号
1	图纸封面	图纸-00
	图纸目录	图纸-01
	施工说明	图纸-02
	材料说明	图纸-03

续表

序号	图纸内容	图号
2	原始平面图	P-01
	拆除平面图	P-02
	新建墙体图	P-03
	平面布置图	P-04
	顶棚布置图	P-05
	顶棚造型尺寸及灯具定位图	P-06
	地面铺装图	P-07
	插座布置图	P-08
	开关定位图	P-09
3	客厅、餐厅立面图 1	E-01
	客厅、餐厅立面图 2	E-02
	客厅、餐厅立面图 3	E-03
	客厅、餐厅立面图 4	E-04
	主人房立面图 5	E-05
	主人房立面图 6	E-06
	主人房立面图 7	E-07
	主人房立面图 8	E-08
4	客厅、餐厅吊顶大样图	D-01
	客厅电视背景墙大样图	D-02
	客厅沙发背景墙大样图	D-03
	餐厅橱柜大样图	D-04
	主人房吊顶大样图	D-05
	主人房门槛石地面大样图	D-06
	主人房门大样图	D-07

表 4-2 图纸目录表格式

序号	图别图号	图纸名称	图幅	比例

2. 图表编制能力实训

根据模块 2“章节 3 建筑装饰施工图深化设计”中 9 的实训任务所绘制的建筑装饰施工图，进行图纸分类，表 4-3 根据图纸内容可删减。

表 4-3　图表编制要求

序号	工作内容	图纸内容
1	封面部分	
2	图表部分	
3	图施部分	
4	装饰详图部分	

4.2.4　评价标准

1. 图表分类合理(15 分)

(1)图纸类别分类符合装饰施工图特性(7 分)。

(2)目录所列项目与施工图内容一致(8 分)。

2. 图表编制规范(30 分)

(1)图表编制符合“建筑装饰装修工程设计文件编制深度规定”(20 分)。

(2)图例符号符合各专业制图标准规定(10 分)。

3. 图表内容完整、表达正确(55 分)

(1)包含完整施工要求的图纸类别(5 分)。

(2)设计说明内容完整，能够满足施工需要(20 分)。

(3)材料表内容完整，能满足施工安装、材料采购需求(30 分)。

5 建筑装饰施工图文件输出

学习重点、难点

学习重点：建筑装饰施工图文件打印输出的设置和要求。

学习难点：建筑装饰施工图的输出方法。能够按照制图标准进行打印设置，输出规范的建筑装饰施工图。

学习目标

了解建筑装饰施工图文件输出的基本知识，掌握建筑装饰施工图文件输出的打印设置。能够按照制图规范的要求，使用 AutoCAD 软件输出建筑装饰施工图。

思政元素

通过各行业、各领域内的顶尖人才成长案例，帮助学生进一步强化勤劳奋斗、踏实努力是成长必经之路的成才价值观，树立“不积跬步无以至千里，不积小流无以成江海”的正确发展观，摒弃一蹴而就、坐享其成的错误思想，引导学生踏踏实实走好成长的每一步。

5.1 建筑装饰施工图出图图层属性设置

5.1.1 知识导入

在上海的建筑模型博物馆内，收藏了一件来自崔愷院士的作品——中间建筑艺术区的模型。崔愷院士长期致力于建筑创作，曾获得“全国优秀科技工程者”“国务院政府特殊津贴专家”“国家级有突出贡献的中青年专家”“梁思成建筑奖”等多项荣誉。中间建筑艺术区处于京城西郊四环路与五环路之间的一片广阔的场地上，和香山、颐和园遥遥相望。整个建筑群呈现了集成化的布局方案，包含了共 90 间独立工作室，间间相靠，连接成环，内部设有楼梯与楼上休息空间相连，呈复式布局。通过这个作品，我们可以看到崔愷院士的建筑初心——以立足本土的理性主义为主干，扎根在丰富的自然与人文的沃土上，生发出可以在城市、在乡土、历史街区出现的有不同特色的建筑。

码 5-1　建筑装饰施工图出图图层属性设置——PPT

5.1.2　学习内容

本教材所教授的建筑装饰施工图输出是由 AutoCAD 软件完成的。施工图的图样在模型空间绘制完成；施工图的图框、图表、文字、尺寸标注在布局空间中绘制完成。最终通过布局空间输出图纸。

码 5-2　建筑装饰施工图出图图层属性设置——教学录屏

以某居室空间建筑装饰施工图纸中的平面布置图为例（图 5-1、图 5-2）。

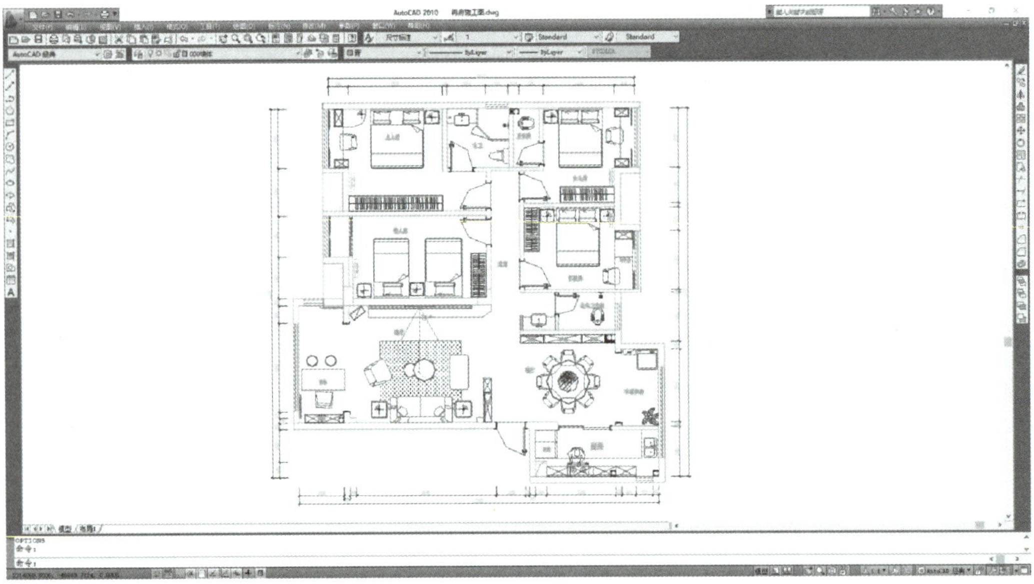

图 5-1　模型空间绘制内容

如图 5-2 所示，布局空间通过开设视口显示模型空间内容，视口可设置比例，调整图纸模型的比例大小。这部分内容将在本章节中的“2 建筑装饰施工图布局空间的图纸设置”中详细讲解。

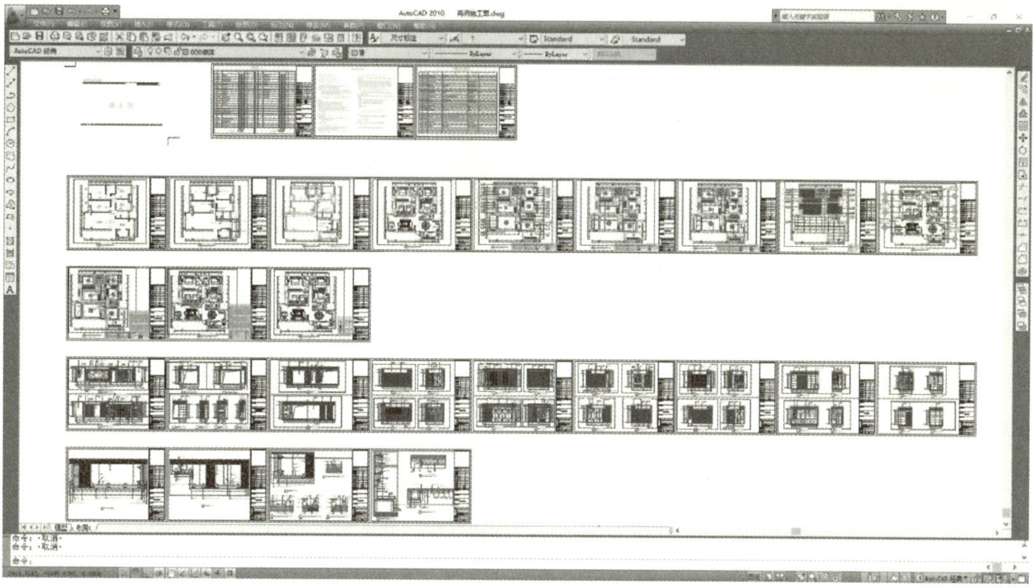

图 5-2 布局空间绘制内容

本小节讲解的内容为建筑装饰施工图图层属性设置要求。建筑装饰施工图的图纸输出与图层属性设置有着直接的联系，在图纸打印输出前，需要通过打印样式中的颜色来识别线型的粗细，通过该设置方式输出的图纸才能符合制图规范中的线型设置要求。

5.1.2.1 建筑装饰施工图输出图层属性设置要求

在模型空间绘制图纸前，必须在图层属性中设置对象的颜色、线型等属性，这是布局打印输出的前期制图要求。

1. 图层设置

图层设置需按照建筑装饰施工图的内容进行分类设置。例如设置01-图签、02-标注、03-轴线、04-墙体、05-门窗、06-吊顶、07-地面、08-立面、09-家具图层。不同的图层内容在不同的图层选项里进行绘制，通过不同颜色在打印中设置区分线型的粗细(表5-1)。

表 5-1 图层设置

图层名称	颜色	主要用途	备注
0	7号(白色),图层色	用于创建图块	系统默认图层
Dyfpoints	250号(深灰),图层色	用于非打印图形	系统自动生成图层
01-图签	7号(白色),图层色	图框线	线宽0.35
	8号(灰色),特性修改	表格或标题栏外框线	线宽0.25
	250号(深灰),特性修改	表格或标题栏分格线	线宽0.09
02-标注	8号(灰色),图层色	尺寸标注、各种符号	文字或数字设为8号色
	2号(黄色),特性修改	各种文字注释、图名注写	线宽0.25
	250号(深灰),特性修改	各种引线	线宽0.09

续表

图层名称	颜色	主要用途	备注
03-轴线	250 号(深灰色),图层色	轴线	线宽 0.09
04-墙体	4 号(青色),特性修改	平面图最外轮廓线	线宽 0.5
	7 号(白色),特性修改	平面图非承重墙线、轻质隔墙线、所有饰面的最终外轮廓线	线宽 0.35
	250 号(深灰),特性修改	图例填充	线宽 0.09
05-门窗	65 号,图层色	平面图门扇、各种精细图形轮廓线、图形分格线	线宽 0.18
	7 号(白色),特性修改	立面图门外轮廓线	线宽 0.35
06-吊顶	8 号(灰色),图层色	顶棚平面造型外轮廓线	线宽 0.25
	250 号(深灰),特性修改	灯槽虚线、顶棚分格线、灯具内饰线	线宽 0.09
	2 号(黄色),特性修改	各种灯具外轮廓线	线宽 0.25
	65 号,特性修改	灯具次要轮廓线	线宽 0.18
07-地面	8 号(灰色),图层色	地面平面外轮廓线	线宽 0.25
	250 号(深灰),特性修改	地面纹理及分格	线宽 0.09
08-立面	8 号(灰色),图层色	立面图各图形一般轮廓线	线宽 0.25
	4 号(青色),特性修改	立面图最外轮廓线	线宽 0.5
	250 号(深灰),特性修改	立面各图形内饰线、图例填充	线宽 0.09
09-家具	8 号(灰色),图层色	家具、洁具一般轮廓线	线宽 0.25
	7 号(白色),特性修改	立面图中家具、洁具最外轮廓线	线宽 0.35
	250 号(深灰),特性修改	家具、洁具内饰线、图例填充	线宽 0.09

2. 颜色设置

根据制图规范的要求,线宽分为粗、中粗、中、细四种。在图层属性里不同图层已做颜色设置,在图纸打印输出时,就可通过用颜色进行打印样式设置,区分不同的线宽。例如用几种不同的颜色分别代表粗线、中粗、中、细线(表 5-2)。

表 5-2 线宽设置

序号	打印设置线宽	颜色	用途
1	0.5	4 号(青色)	平面图承重墙线、剖面图或大样图的剖切轮廓线、其他需要突出表现的物体轮廓线
2	0.35	7 号(白色)	平面图轻质隔墙线、图样主要外轮廓线、立面图中家具、洁具最外轮廓线
3	0.25(默认)	8 号(灰色)	图样次要轮廓线、各种尺寸标注、各种符号
		2 号(黄色)	文字注释、灯具外轮廓线
4	0.18	65 号	平面图门扇、各种精细图形轮廓线、图形分格线
5	0.09	250 号	立面窗玻璃(镜)表面斜线、轴线、各种物体内饰线、填充图例线、门扇开启线、引线以及各种非实物线
6	0.8	9 号(灰色)	剖切位置线、其他需强调的线(注:该线用 PL 多段线绘制,线宽在布局中设定为 0.8mm)

3. 线型设置

根据制图规范的规定，线型分为实线、虚线、点画线、折断线、波浪线、样条曲线、云线等。根据绘制的内容，采用对应的线型进行绘制(表 5-3)。

表 5-3 房屋建筑室内装饰装修制图常用线型

名称		线型	线宽	一般用途
实线	粗		b	1. 平、剖面图中被剖切的房屋建筑和装饰构造的主要轮廓线； 2. 立面图的外轮廓线； 3. 详图、节点图中被剖切部分的主要轮廓线； 4. 平、立、剖面图的剖切符号
	中粗		0.7b	1. 平、剖面图中被剖切的房屋建筑和装饰装修构造的次要轮廓线； 2. 房屋建筑室内装饰装修详图中的外轮廓线
	中		0.5b	1. 房屋建筑室内装饰装修构造详图中的一般轮廓线； 2. 小于 0.7b 的图形线、家具线、尺寸线、尺寸界线、索引符号、标高符号、引出线、地面、墙面的高差分界线等
	细		0.25b	图形和图例的填充线
虚线	中粗		0.7b	1. 表示被遮挡部分的轮廓线； 2. 表示被索引图样的范围； 3. 拟建、扩建房屋建筑室内装饰装修部分轮廓线
	中		0.5b	1. 表示平面图中上部的投影轮廓线； 2. 预想放置的房屋建筑或装饰构件
	细		0.25b	表示内容与中虚线相同，适合小于 0.5b 的不可见轮廓线
单点长画线	中粗		0.7b	运动轨迹线
	细		0.25b	中心线、对称线、定位轴线
折断线	细	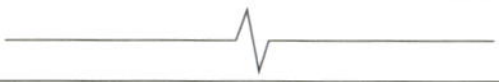	0.25b	不需要画全的断开界线
波浪线	细		0.25b	1. 不需要画全的断开界线； 2. 构造层次的断开界线； 3. 曲线形构件断开界限
点线	细		0.25b	制图需要的辅助线
样条曲线	细	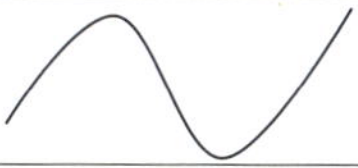	0.25b	1. 不需要画全的断开界线； 2. 制图需要的引出线
云线	中		0.5b	1. 圈出被索引的图样范围； 2. 标注材料的范围； 3. 标注需要强调、变更或改动的区域

施工图中折断线可直接使用 AutoCAD 软件直线工具命令在模型空间中绘制。波浪线、样条曲线使用 AutoCAD 软件样条曲线工具在模型空间中绘制。云线使用 AutoCAD 软件在模型空间中使用修订云线工具绘制。

5.1.2.2 建筑装饰施工图输出图层属性的设置流程

1. 图层颜色设置

点击图层管理器按钮（图 5-3）。打开图层管理器，建立图层，并在对应图层里设置对象颜色（图 5-4）。点击颜色色块，选择颜色（图 5-5）。绘制时如遇到需采用其他颜色的对象时，可通过颜色属性下拉菜单，单独修改对象的颜色，再进行绘制（图 5-6）。

图 5-3 图层管理器按钮

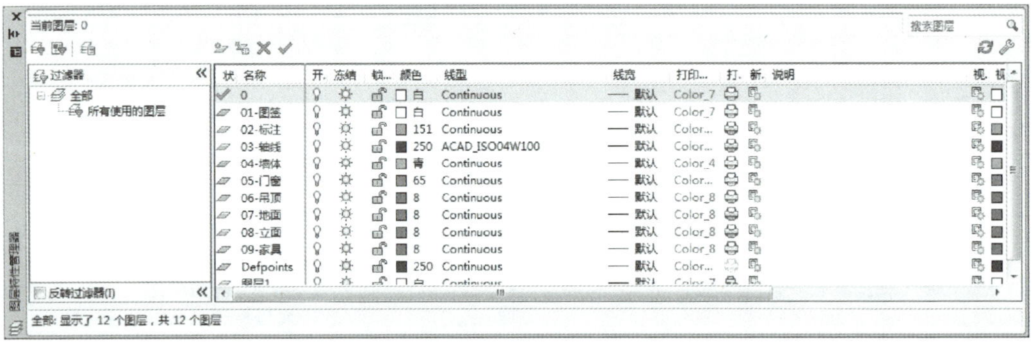

图 5-4 图层管理器

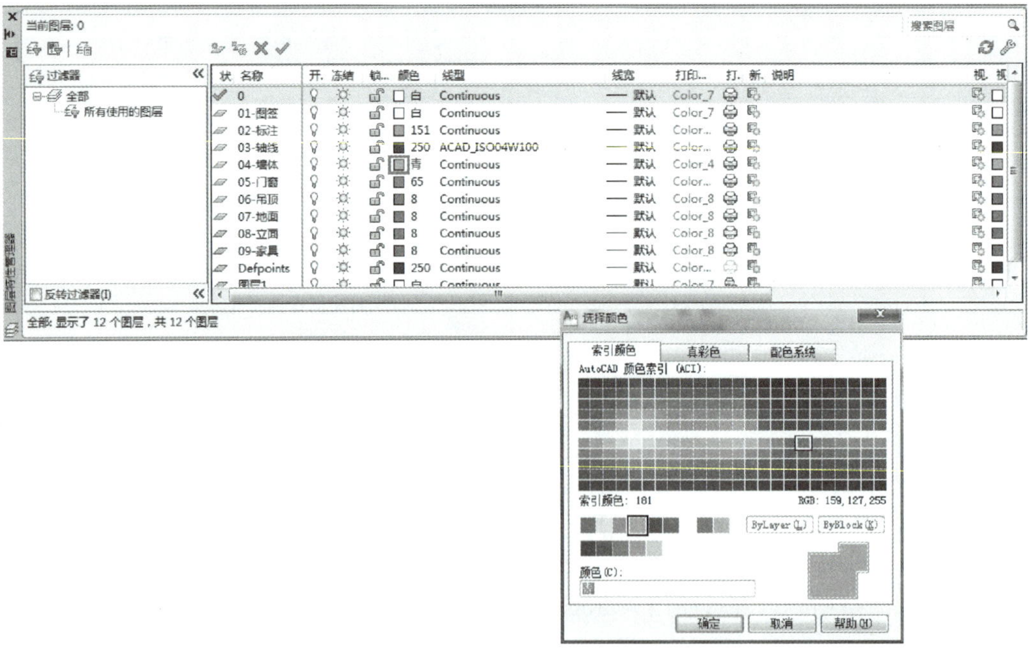

图 5-5 选择颜色

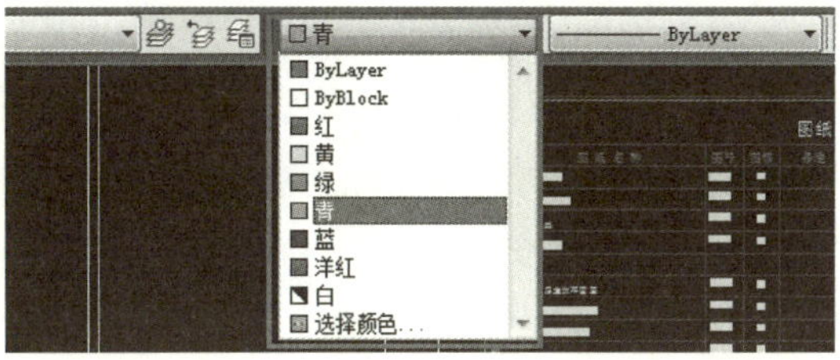

图 5-6 单独修改对象的颜色

2. 图层线型设置

根据制图规范的要求，在图层设置中，轴线采用细单点长画线，线型 ACAD_ISO04W100 为点画线。其余线型为实线，线型 continuous 为实线，如图 5-7 所示。

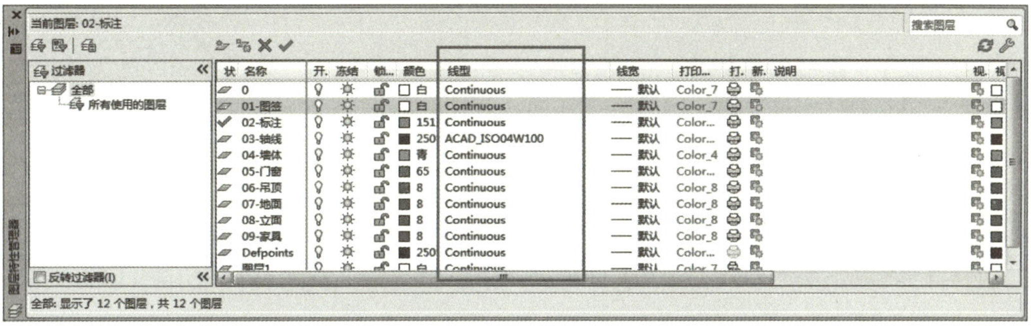

图 5-7 图层线型设置

5.1.3 课程思考

1. 建筑装饰施工图模型空间绘图需要遵守的制图规范要求有哪些?
2. 建筑装饰施工图采用不同颜色绘制不同的对象的作用是什么?

5.2 建筑装饰施工图布局空间的图纸设置

5.2.1 知识导入

1983 年 10 月 23 日《河北日报》载:河北省考古工作者在平山县三汲公社中山国古墓中发掘出一块铜版地图，即《兆域图》。《兆域图》地图长 94 厘米，宽 48 厘米，厚 1 厘米。该地图图文用金银镶嵌，铜版背面中部有一对铺首，正面为中山王、后陵园的平面设计图。陵园包括三座大墓、两座中墓的名称、大小以及四座宫室、内宫垣、中官垣的尺寸、距离。铜版上还记述了中山王颁布修建陵园的诏令。科学工作者还通过对兆域图上平面的实测与文字记录的尺寸的换算，发现这份设计图采用了 1∶500 的比例尺缩制而成。

以往文献记载，使用比例尺绘制地图，以西晋裴秀为最早，中山国兆域图把缩尺制图的历史提早了 6 个世纪，这在我国古代科技史上不能不说是一个重要的发现。20 世纪 50 年代，考古学家在河南辉县固围村发现的战国魏王陵墓群，其平面布局、陵上封土结构与平山陵墓基本相似，因此，学者们认为制作兆域图是当时列国通行的制度，是一种已经程式化、制度化的规划设计图，因而具有时代典型的意义。

《兆域图》的故事告诉我们，中华民族在规范程式化制图方面拥有悠久的历史，结合我们本章节学习的内容，施工图的空间布局同样拥有其规范要求，一份规范严谨的建筑装饰施工图在后续施工中的重要性不可替代，让我们开始进入本章节的学习吧。

5.2.2 学习内容

5.2.2.1 建筑装饰施工图布局空间设置要求

在布局空间中绘制图示标注的尺寸比例大小为 1∶1。

码 5-3 建筑装饰施工图布局空间的图纸设置——PPT

1. 绘图框要求

采用制图规范中的图纸幅面进行绘图，建筑装饰施工图常用的图幅有 A2、A3、A4 三种。图框在布局空间中绘制，图框、标题栏等的绘制应符合制图规范的相关要求。

制图规范中的图框绘制的要求可参考模块 1“章节 2 建筑装饰施工图绘图准备”中的相关内容。

码 5-4 建筑装饰施工图布局空间的图纸设置——教学录屏

2. 比例要求

比例在布局空间中打开视口后进行设置。通常同一张图纸采用相同比例输出图样，但也会在同一张图纸中设置不同的比例，这主要取决于输出的图样是否能在图纸上显示得清晰明了。通常情况下，平面图和立面图采用相同比例输出；装饰详图可根据图样内容在图纸中的清晰度，选择合适的比例输出。

制图规范中的比例选择要求可参考模块 1“章节 2 建筑装饰施工图绘图准备”中的相关内容。

3. 尺寸标注要求

在布局空间中进行尺寸标注，标注的尺寸应符合制图规范（图 5-8，图 5-9）。相关要求可查看 GB/T 50001—2017《房屋建筑制图统一标准》。

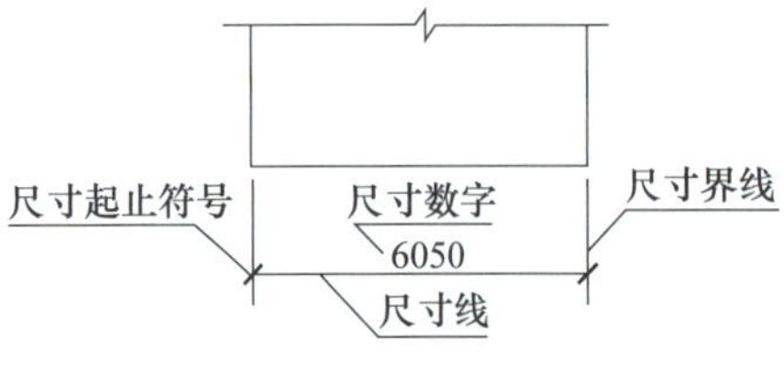

图 5-8 标注尺寸的组成

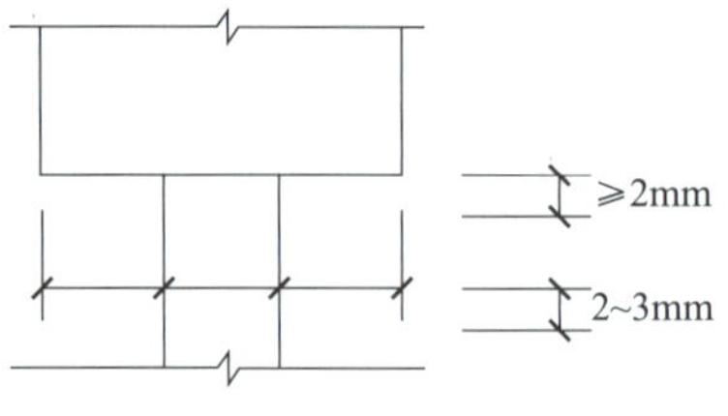

图 5-9 尺寸界限的要求

4. 文字大小要求

根据制图规范的要求，图样及说明中的汉字，应优先使用长仿宋体字。注意汉字的高度不得小于 3mm，英文的高度不得小于 2mm。

5.2.2.2 建筑装饰施工图布局空间设置流程

1. 布局空间中，在图框里开设视口。开设视口的操作为：工具栏右击，点击视口选项（图 5-10）；或使用视口的快捷键为“mv”，也可创建单个视口（图 5-11）。

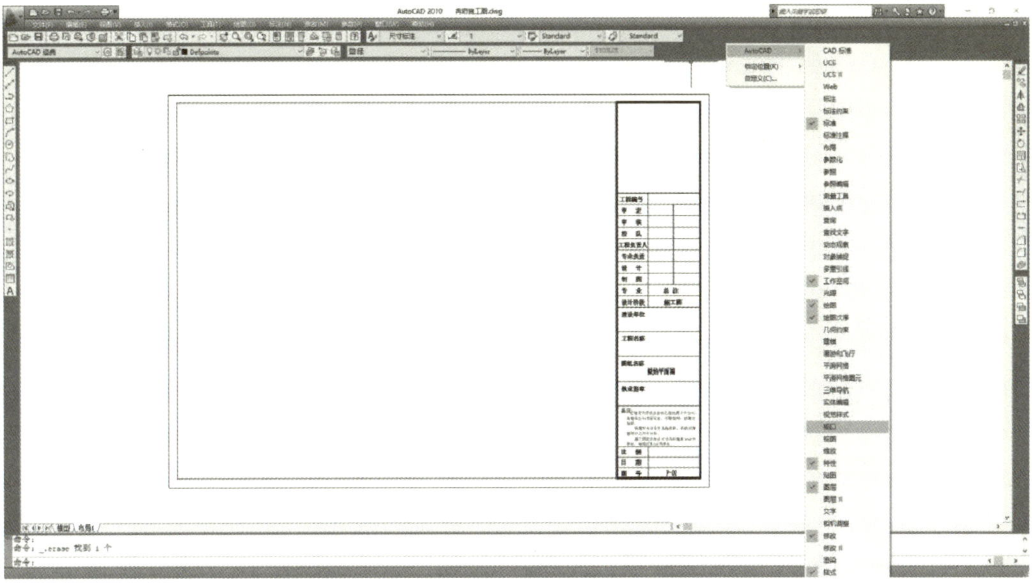

图 5-10 视口选项

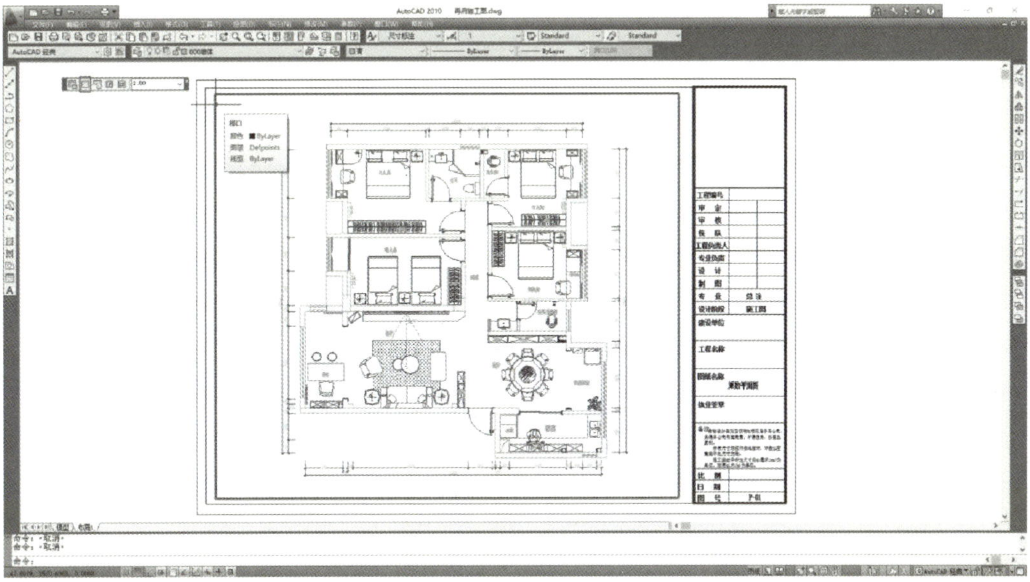

图 5-11 创建单个视口

2. 调整视口显示比例，与出图比例一致。可下拉比例选项栏，选择常用比例，或直接输入比例值(图 5-12)。

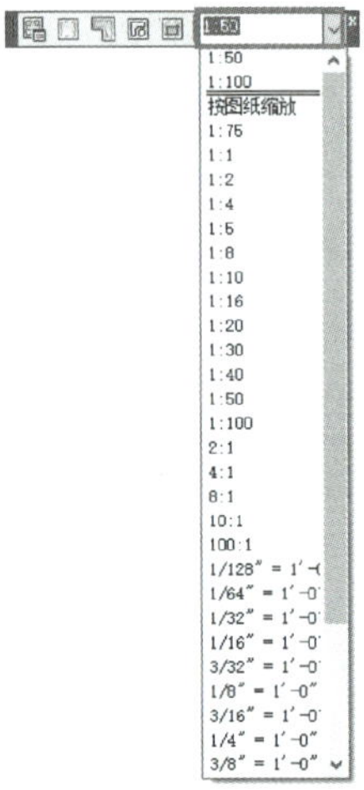

图 5-12　比例调整

3. 比例调整好后，通过平移，将图样摆在图框合适位置，并预留出尺寸标注的空间。点击视口锁定，防止图样内容被移动(图 5-13)。

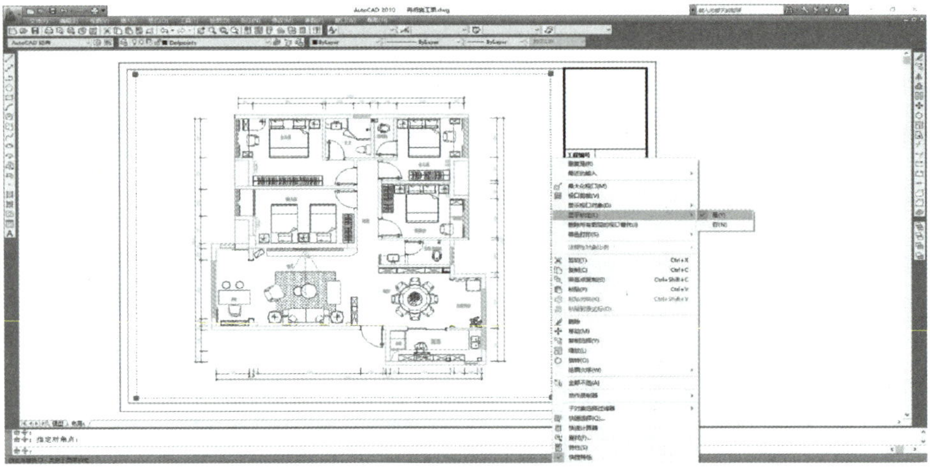

图 5-13　视口锁定

4. 参照制图规范的要求进行尺寸标注等图示标注的设置

图样尺寸标注的一般标注方法应符合现行国家标准《房屋建筑制图统一标准》(GB/T 50001—2017)的规定。

5.2.3　课程思考

1. 建筑装饰施工图布局空间绘图需要遵守的制图规范要求有哪些？

2. 视口锁定的作用是什么？

5.3 建筑装饰施工图文件输出

5.3.1 知识导入

从 2001 年开始，张熇参与了我国整个探月工程“绕落回”发展战略的论证，并参与了嫦娥一号、嫦娥三号、嫦娥四号几个探测器的研制。她就是中国航天科技集团有限公司五院嫦娥四号探测器项目执行总监兼副总师张熇。张熇始终记得，高难度的嫦娥三号研制期间，整个队伍足足拼搏了五年半时间，大部分同志几乎天天加班。当时下班后，大家研读文件、看材料、开会探讨技术问题，都是家常便饭，期间还提出过“三超”的口号：超常的勇气、超常的毅力和超常的措施。还记得，在做悬停试验时，试验人员每天 3 点起床开始仪器的运转、电测准备，真正的试验过程只有几分钟，但前前后后准备时间长达 10 个多小时。从技术难题到一个螺钉一个螺母，都不能轻视。张熇说，比如在做热平衡试验之前，要梳理试验所需多少产品、写多少文件、要多少地面设备，甚至需要几个螺钉，都要列出清单。细致到落实环节，强调量化控制。比如着陆器，200 多台设备，2000 多根电缆，把它装在一块，这一过程，每一环节都要拍照，所有螺钉都要测力。“做事有依据，做事按依据，做事留依据。”是以张熇为代表的中国一代代航天工作者的坚持和努力，让中国航天也终于见到了成效。这是认识问题、磨炼意志、促人成长的过程。”

同样的道理，在建筑装饰领域，我们在漫长的科学研究中积累技术进步的力量源泉。装饰制图需要我们具备同航天工作者般的拼搏和严谨态度，要扎扎实实筑牢理论与技能根基，从每一个细节做起。建筑装饰施工图文件输出的学习内容并不复杂，但仍需要大家以认真严谨的学习态度面对，现在就让我们进入本章节的学习内容吧。

码 5-5 建筑装饰施工图文件输出——PPT

5.3.2 学习内容

码 5-6 建筑装饰施工图文件输出——教学录屏

5.3.2.1 建筑装饰施工图文件输出设置要求

文件输出的总要求是输出的图纸文件符合制图规范的要求。具体要求为线宽线型、尺寸标注、文字字体大小、建筑符号等符合制图规范要求。此外还应注意输出的图样清晰完整，图纸排版美观，线宽区分粗、中粗、中、细四种线型，尺寸标注清楚便于识读。

5.3.2.2 建筑装饰施工图文件输出设置流程

以 A3 图幅打印输出为例，建筑装饰施工图布局空间出图设置流程如下：

1. 打开 AutoCAD 软件的打印设置，快捷键“Ctrl＋P”，或者在菜单栏点击文件——打印，或者直接点击打印图标。

2. 在打印中的页面设置“名称”选项中若有“上一次打印”选项，可以直接获得上一次打印时的打印设置，无“上一次打印”则选“无”，此时需进行打印设置（图 5-14）。

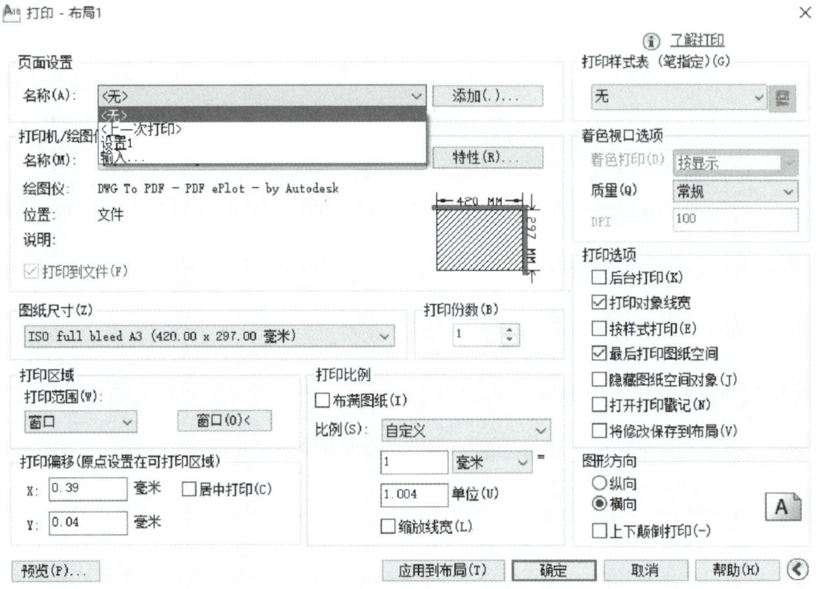

图 5-14　打印设置中的页面设置

3. 点击打印设置中的“打印机/绘图仪”——“名称”，选择输出图纸文件格式。本章节图纸选择输出 PDF 文件格式（图 5-15）。

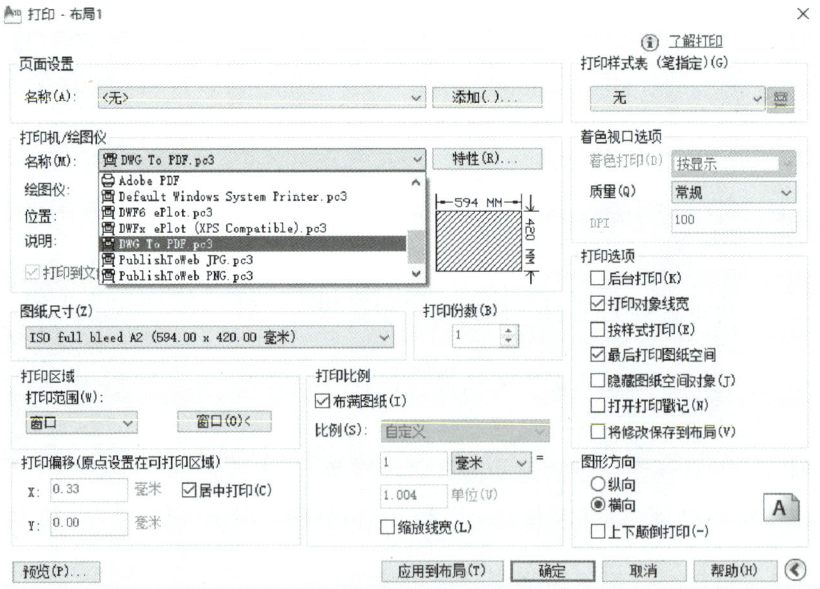

图 5-15　打印设置中的打印机/绘图仪设置

4. A3 图幅打印输出，图纸尺寸应选择“ISO full bleed A3”选项。需注意图纸尺寸选项中有横向图幅和竖向图幅，一般施工图图纸以横向图幅居多(图 5-16)。

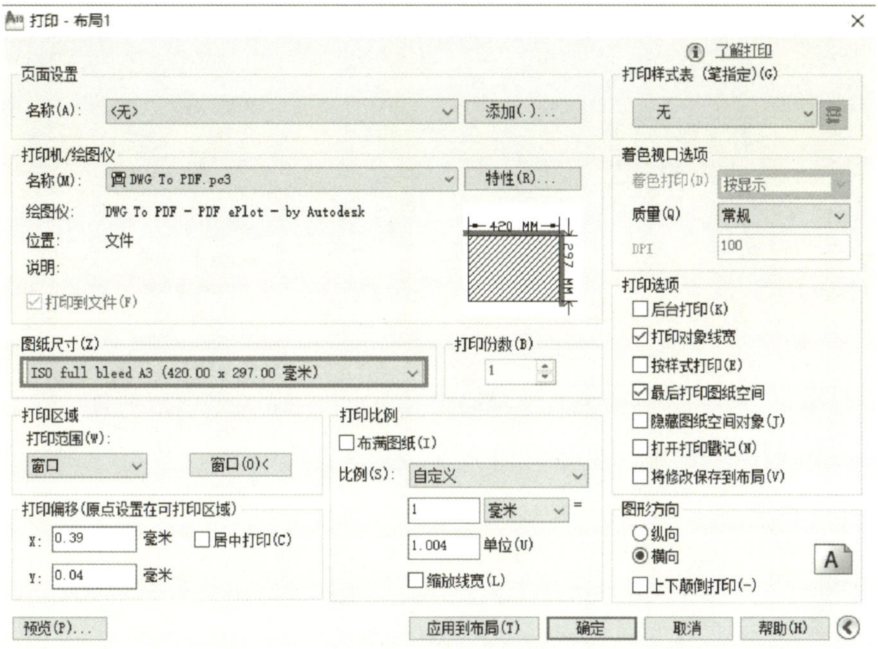

图 5-16 打印设置中的图纸尺寸设置

5. 打印区域的打印范围选择“窗口”(图 5-17)，然后布局空间中选择图纸的打印范围。

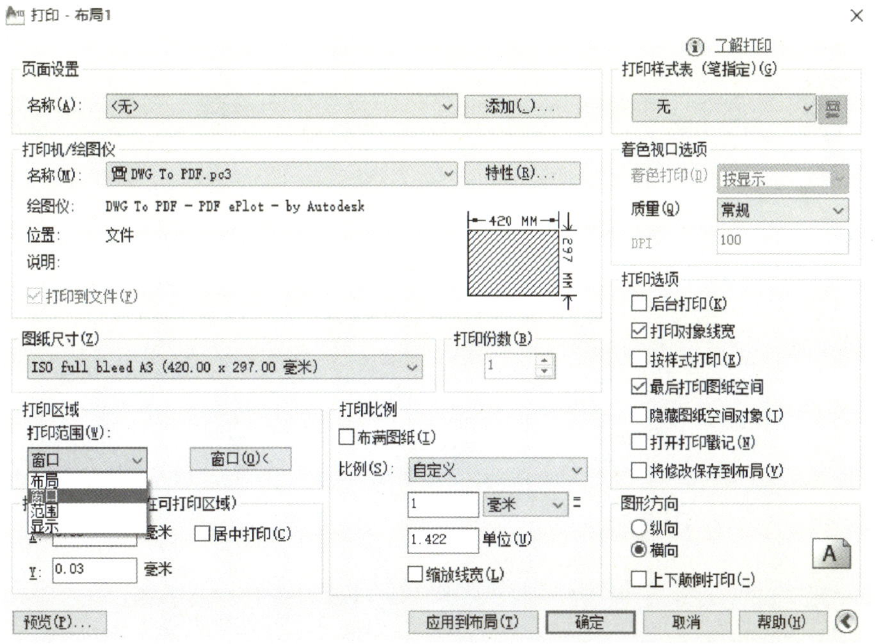

图 5-17 打印设置中的打印区域设置

6. 打印偏移，勾选“居中打印”，打印比例，勾选“布满图纸”(图 5-18)。

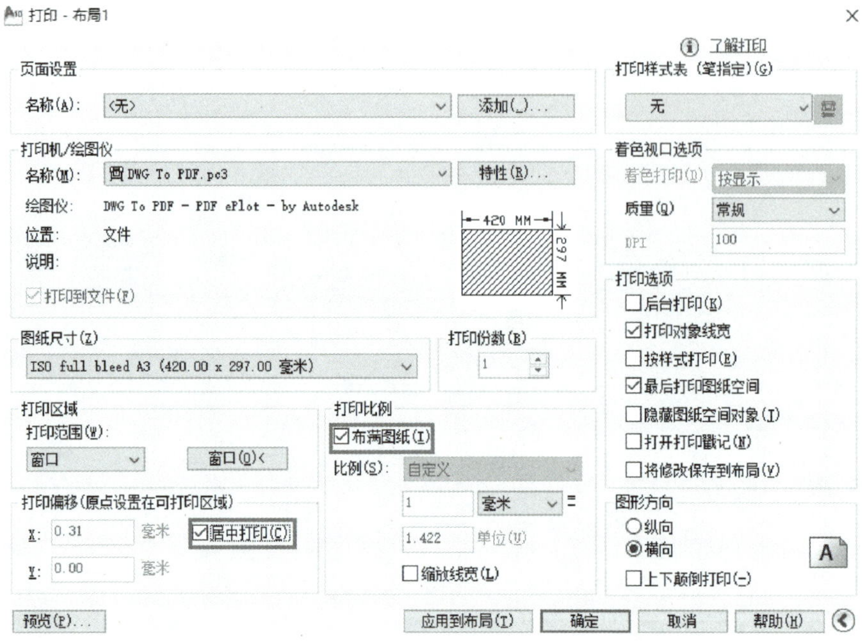

图 5-18　打印设置中的打印偏移和打印比例设置

7. 图形方向根据出图要求勾选。本案例选择横向打印(图 5-19)。

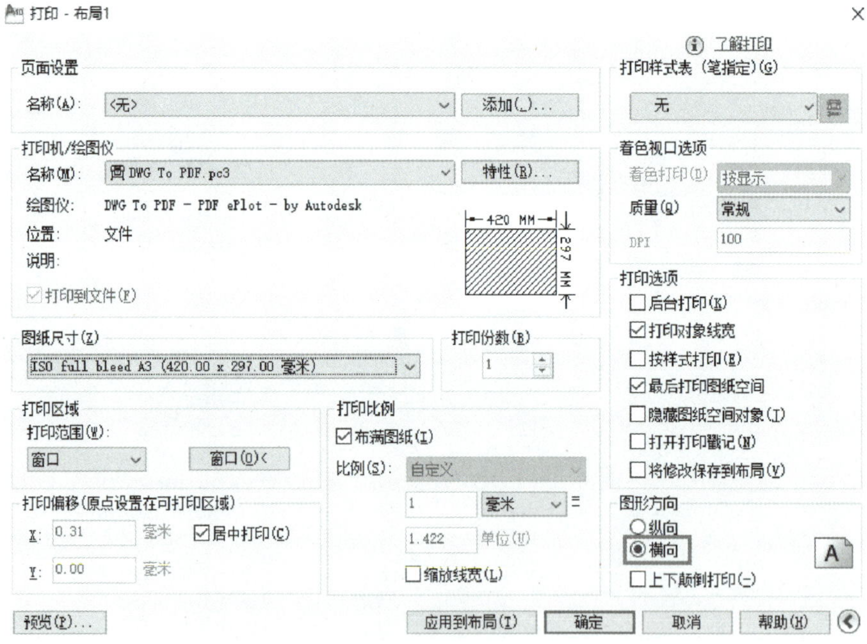

图 5-19　打印设置中的图形方向设置

8. 点击打印样式表中：acad.ctb 为彩色打印，monochrome.ctb 为黑白打印。本案例为黑白打印，因此选择“monochrome.ctb”选项(图 5-20)。

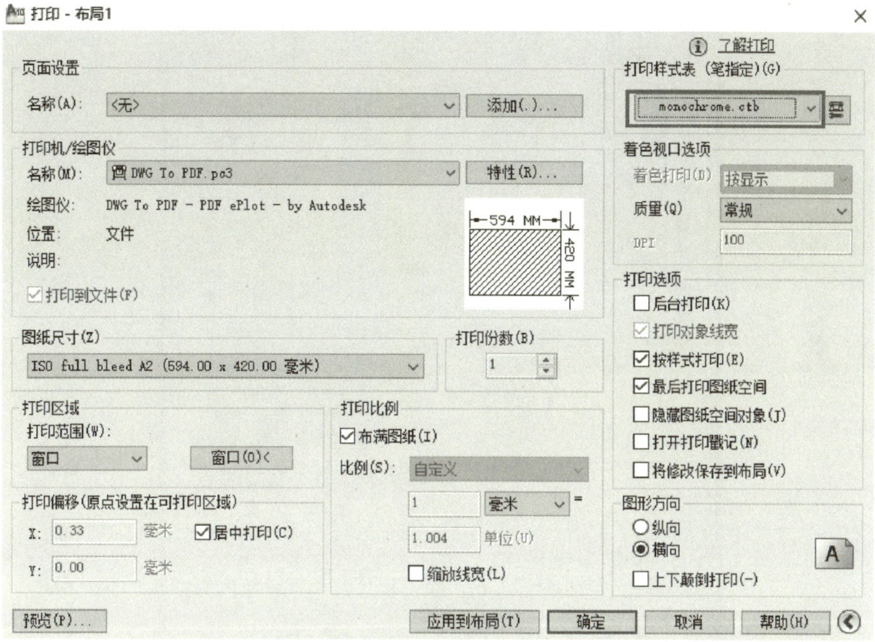

图 5-20 打印设置中的打印样式表设置

9. 点击打印样式表中的 ，进行对图层颜色的线型粗细进行设置(图 5-21)。

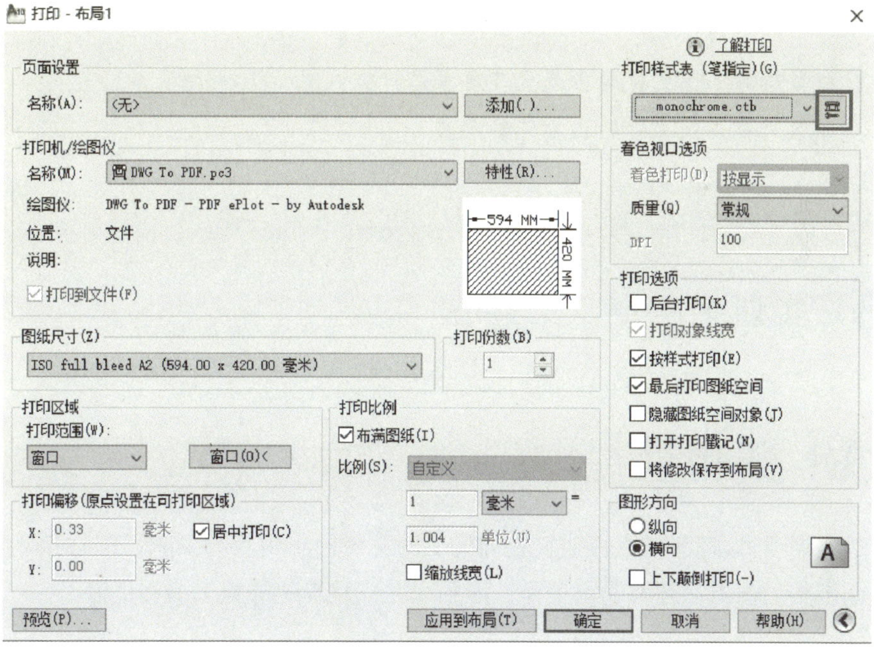

图 5-21 打印设置中的线型粗细设置

10. 选择打印样式中的颜色，对线宽进行设置，设置完成后点击保存并关闭(图 5-22)。

11. 点击打印设置中的“预览”，无误点击“正确”，图纸打印输出。

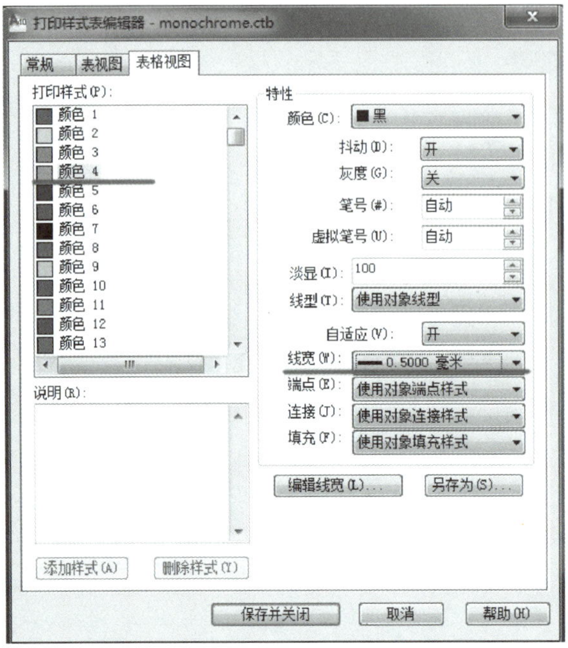

图 5-22　打印样式管理器中的线型粗细设置

5.3.3　课程思考

1. 建筑装饰施工图文件输出设置及要求是什么？
2. 建筑装饰施工图文件输出步骤有哪些？

5.4　实训

5.4.1　实训目的

通过实训项目，理解与掌握建筑装饰施工图文件输出内容与要求。能够独立完成建筑装饰施工图的输出设置及输出工作。能独立完成建筑装饰施工图文件输出。

5.4.2　实训要求

1. 通过建筑装饰施工图文件输出设置训练，掌握建筑装饰施工图文件的输出设置内容及方法。

2. 通过建筑装饰施工图文件输出训练，掌握建筑装饰施工图文件输出的规范要求。

3. 通过建筑装饰施工图文件输出过程，理解建筑装饰施工图的输出要求和程序，对建筑装饰施工图输出设置、输出要求、输出流程和输出方法等进行实践验证。

5.4.3 实训任务

1. 建筑装饰施工图输出设置

(1)阅读建筑装饰施工图，了解图纸内容；

(2)根据某居室空间建筑装饰施工图，完成文件输出设置；

(3)完成建筑装饰施工图文件排序和排版设计；

(4)按类别排列建筑装饰施工图。

2. 完成一套居室空间装饰施工图文件输出

(1)封面目录说明系统；

(2)平面施工图；

(3)立面施工图；

(4)装饰详图。

3. 建筑装饰施工图输出后自审内容

(1)颜色设置；

(2)线宽设置；

(3)文字设置；

(4)比例调整；

(5)整体效果。

码 5-7　实训任务书

5.4.4 评价标准

1. 对建筑装饰施工图文件输出理论知识的掌握(30 分)

(1)掌握建筑装饰施工图文件输出的设置要求(20 分)。

(2)掌握建筑装饰施工图文件输出内容及要求(10 分)。

2. 能正确进行输出设置，输出建筑装饰施工图文件(50 分)

(1)具备建筑装饰施工图文件输出设置能力(30 分)。

(2)具备建筑装饰施工图文件输出能力(20 分)。

3. 建筑装饰施工图文件输出思维能力(20 分)

(1)具备遇到文件输出问题，能及时查找出问题并解决问题(10 分)。

(2)具备举一反三的能力以及建筑装饰施工图文件输出的自审能力(10 分)。

6 建筑装饰施工图的审核

学习重点、难点

学习重点：建筑装饰施工图的审核的目的和内容，建筑装饰施工图的审核流程。

学习难点：建筑装饰施工图自审的审核要点。

学习目标

通过学习本章节，能够掌握建筑装饰施工图的审核内容和实施方法，能够独立完成建筑装饰施工图的自审，熟知建筑装饰施工图会审的程序和内容。

思政元素

本模块课程思政建设目标为：一是帮助学生树立严于律己、善于自省的良好学习习惯；二是树立与时俱进、善于创新的思维习惯。持续提升学生分析问题、解决问题的能力，让学生在解决问题的过程中，认识问题和知识背后所蕴含的理论思维、方法论和价值判断，激发学生的思想碰撞和情感体验，实现对学生的价值引领。

6.1 建筑装饰施工图的自审

6.1.1 知识导入

曾子是孔子的得意门生，曾子在孔子晚年的时候，拜孔子为师，十六岁随孔夫子学习。曾子一生非常节俭，时时刻刻修正自己，“这一生战战兢兢，如临深渊，如履薄冰”，这也是他临终所言。“吾日三省吾身：为人谋而不忠乎？与朋友交而不信乎？传不习乎？”也是曾子的名言。他每日都用三次(多次)反省自身的行为、思维，有哪些不足的地方，为他人做事情，是否尽己之能，尽心尽力，恭敬地对待生命当中的每一件事情？与朋友相交，是不是守信的？自己要不停地温习实践和应用，传给他人的知识，自己仍要不停地实践，不停地应用！

曾子讲的这番话，对于我们每个有理想的年轻人，对于每个身兼专业责任的人，都非常重要，也是贯穿我们一生，需要去践行的。同样，在建筑装饰施工图的绘制过程中，我们首先要做的第一步就是自审。

6.1.2 学习内容

建筑装饰工程中包括各种专业的设计施工图纸，施工图纸绘制往往会出现纰漏错误的情况，产生原因多为设计人员绘制的图纸缺乏施工经验，严谨性不足，导致设计错误，在工程过程中无法指导施工。因此，施工图的自审尤为重要。

码 6-1 建筑装饰施工图的自审——PPT

6.1.2.1 装饰施工图自审的概念

建筑装饰施工图自审是参建单位在接到施工图纸后，先组织各专业有关人员进行施工设计文件的学习，再组织人员进行图纸综合审查。

当图纸的合规性核对存在的问题时，先由本单位统一口径并加以整理，总结出问题待到图纸会审时进行解决。

码 6-2 建筑装饰施工图的自审——微课动画

6.1.2.2 装饰施工图自审的目的

(1)能够按照设计图纸的要求顺利地进行施工；

(2)能够在装饰工程开工之前，使从事施工的技术人员充分地了解、掌握设计图纸和设计意图、构造特点及技术要求等；

(3)通过审查，发现设计图纸中存在的问题和错误，使其在施工开始之前改正，为工程施工提供一份准确、齐全的设计图纸。

6.1.2.3 自审建筑装饰平面图

建筑装饰平面图是反映房屋总体定位、空间功能布局、人流路线设计、家具陈设布置的重要图纸，在施工中具有重要地位。

1. 审核建筑装饰总平面图

建筑装饰总平面图一般应审核的内容是：

(1)查看土建信息是否完整，如门窗的尺寸，防火分区是否完整。如土建信息不完整，会造成后期大量更改，拖延工期。

(2)查看楼层标高是否完正确，如标高不准确，则会直接影响室内造型标高及墙面造型的正确性。

(3)审核建筑装饰总平面内的房屋布局是否能满足各种功能的使用要求。

(4)审核建筑装饰总平面内的布置是否合理,使用上是否方便。如公用盥洗室位置是否合适、走廊宽度尺寸是否合理。

(5)查看平面图上尺寸注写是否齐全,分尺寸的总和与总尺寸是否相符。如尺寸间互相矛盾,会造成后期设计错误。

(6)查看较长公共建筑的路线设计、出入口设计是否符合人流疏散的要求和防火规定。

2. 审核平面布置图

每个房间都应有平面布置图,一般应审核的内容是:

(1)审核房间平面布置图和建筑装饰总平面图是否对应,有无矛盾冲突的地方。

(2)审核房间平面图的布置是否合理,使用功能是否齐全,人流路线是否流畅。

(3)查看图形内部显示内容是否完全,图纸因缺项、漏项不完全,会导致项目不完整落地,造成二次施工。

(4)查看楼梯的上下方向是否标明清楚,楼梯方向错误会导致一系列错误的工程量,增加工程成本,耽误工期。

(5)检查功能名称、区域名称中英文及是否标明面积、餐厅人数、会议人数等数据。名称及数据不完整,会造成施工时对空间认知不明确,无法顺利开展相关工作。

(6)查看图纸的平面类标题信息是否正确(如图纸名称、制图比例等)。标题明确、比例正确、图显清晰,能给予施工人员正确的现场引导,避免误判。

(7)若是分平面图图纸,检查分平面图是否标明区域平面图在总平面图的位置索引。位置索引不正确,会导致图纸无法顺利查看,不能起到正确的指导作用。

(8)查看平面图上的定位尺寸注写是否齐全、详细,分尺寸的总和与总尺寸是否相符。

3. 审核地面铺装图

应审核的内容有:

(1)查看地面铺装图与平面布置图是否对应;

(2)查看地面铺装材料、规格是否标示清楚;

(3)查看地面铺装图是否标示地面铺设方向和铺设位置,地面铺装是否考虑设施设备的布置,是否合理。如地漏位置固定,铺设施工时需考虑地砖是否容易裁切;

(4)查看不同材料之间的分界线是否标注清楚,材料分界线不清楚、易混淆,会造成材质标注错误;

(5)查看地面节点索引是否正确,若地面节点索引错误,将无法快速索引至地面节点图纸,导致查找图纸困难;

(6)地面拼花设计是否考虑家具与陈设的布置,在施工后是否影响美观。

4. 审核顶棚布置图

建筑装饰工程的顶棚装饰设计一般比较复杂,复杂造型还需出剖面图与节点大样图。审核建筑装饰顶棚布置图包括以下几个方面:

(1)顶棚布置图上的标高是否符合空间使用的要求,审核楼板结构尺度在完成吊顶造型后是否与吊顶标高符合;

(2)审核顶棚造型的构造做法,吊顶装饰造型是否能够施工,材料与施工工艺是否能达到设计的要求等;

(3)查看顶棚选择的装饰材料是否适合用于顶部,其安全性如何,例如玻璃、石材都是在顶部慎用的材料;

(4)顶棚造型设计时常常需要隐藏各种管线,通过图纸查看顶棚设计尺度是否考虑暗藏设备的尺度;

(5)顶棚设计有灯具、烟感、雨淋及空调风口等设施设备,通过图纸查看这些设施设备的布置是否合理,是否影响美观等;

(6)查看是否标明各相关专业检修口位置,检修口必须依据人体工程学既定尺寸,标明功能类型,是否方便检修,若不方便检修则需调整位置。

6.1.2.4 自审建筑装饰立面图

建筑装饰立面图能反映出设计人员在建筑装饰风格上的艺术构思。审核建筑装饰立面图可以包括以下几个方面:

(1)从立面图上了解标高及装饰造型的尺寸,审核分尺寸与总尺寸有无误差、是否矛盾。立面高度是否与吊顶标高一致;

(2)立面上的装饰造型是否具有可操作性,如材料与施工工艺是否能达到设计的要求等;

(3)审核立面的装饰材料是否符合当地的外界条件,如在当地气候特征下,容易变形或不宜维护等;

(4)立面造型设计时常常需要隐藏一些立面上的构件,如水管、暖气管等。这时需要审核设施设备的自身特性是否会影响到立面造型的美观,如暖气管因发热会使某些材料变色、变形等;

(5)考虑立面材质的模数关系,以及不同材质的收口关系是否合理。审核两种材质过渡收口方式是否满足材料的热胀冷缩要求以及完成面的美观性。

6.1.2.5 自审建筑装饰详图

1. 装饰剖面图

建筑装饰造型复杂琐碎,要想完整表达装饰造型,需要有剖面图进行详细说明。审核建筑装饰剖面图包括以下几个方面:

(1)审核剖面图上的标高与竖向尺寸是否符合,与平、顶、立面图上所注的尺寸、标高有无矛盾;

(2)查看建筑装饰图的立面造型或顶棚造型剖切是否准确,尺寸是否正确;

(3)查看剖面图中构造做法是否正确,材料的图例和尺寸标示是否正确,剖切厚度是否与造型厚度一致等问题。

2. 装饰节点图

审核建筑装饰节点图包括以下几个方面:

(1)查看一些节点或局部处的构造详图。凡属施工图中的详图,必须结合该详图所在建筑装饰施工图中的被索引部分一起审阅;

(2)选用标准图集的,核查标准图与施工图能不能结合上;

(3)考虑工艺的隔声、防烟等处理是否满足消防规范要求,墙面及顶棚节点需考虑依据消防规范、声学要求及其他标准进行绘制,确保节点的绘制有效。

6.1.2.6 自审建筑装饰施工图流程

1. 进行技术准备

对照设计方案识读建筑装饰施工图。对照建筑装饰设计方案,了解方案设计立意,审核施工图是否正确反映设计意图。

2. 工具、资料准备

(1)工具准备:记录本、工作页、笔。

(2)资料准备:

《房屋建筑室内装饰装修制图标准》(JGJ/T 244—2011)、《××省建筑装饰装修工程设计文件编制深度规定》(省标)、《工程建设标准设计图集——室内装饰墙面》(省标)、《工程建设标准设计图集——室内装饰木门》(省标)、《工程建设标准设计图集——室内装饰吊顶》(省标)、《工程建设标准设计图集——室内照明装饰构造》(省标)、《国家建筑标准设计图集——内装修》系列图集。

3. 制订审核计划

根据建筑装饰施工图绘制要求和施工图文件编制规范制定审核计划,内容包括:

(1)审核装饰施工图文件编制内容完整性及有效性;

(2)审核装饰施工图深化设计内容正确性;

(3)审核装饰施工图制图标准;

(4)审核图面设计和排版效果;

(5)审核图纸设置和图纸打印效果;

(6)图纸审核。

4. 图纸审核

进行图纸审核工作。

5. 提出审核意见

提出审核意见及装饰施工图整改意见。

6. 修改图纸

根据整改意见修改装饰施工图。

6.1.3 课程思考

1. 自审建筑装饰立面图需要注意的要点有哪些?

2. 建筑装饰施工图如何自审?

6.2 建筑装饰施工图的会审

6.2.1 知识导入

伴随着BIM技术的发展,其被广泛应用于图纸会审当中。传统的图纸会审都是在二维图纸中进行图纸审查,难以发现空间上的问题,基于BIM的图纸会审是在三维模型中进行的,各工程构件之间的空间关系一目了然,通过软件的碰撞检查功能进行检查,可以很直观地发现图纸不合理的地方,这就大大提高了图纸会审的效率与质量。通过技术创新,我们实现了图纸从二维到三维再到多维的转变,这就是创新的魅力。本节课我们一起学习建筑装饰施工图的会审,看看有哪些方法可以应用其中。

6.2.2 学习内容

码 6-3 建筑装饰施工图的会审——PPT

码 6-4 建筑装饰施工图的会审——微课动画

6.2.2.1 建筑装饰施工图会审目的

施工图纸会审可以使各参建单位特别是施工单位熟悉设计图纸、领会设计意图、掌握工程特点、难点,找出需要解决的技术难题和拟定解决方案,从而将因设计缺陷而存在的问题消灭在施工之前。图纸会审的深度和全面性将在一定程度上影响工程施工的质量、进度、成本、安全和工程施工的难易程度。认真做好图纸会审,可以尽早地发现和处理图纸中存在的问题,是提高施工质量、节约施工成本、缩短施工工期,从而提高效益的一项工程施工前必不可少的重要工作。

6.2.2.2 建筑装饰施工图会审流程

1. 图纸会审

会审时,先由该工程设计主持人进行设计交底,说明设计意图及在施工中应注意的重要事项,设计交底完毕后,再由施工单位把汇总的问题提出来,请设计部门答复解决。解答问题时可以分专业进行,各专业单项问题解决后,再集中起来解决各专业施工图校对中发现的问题。这些问题必须要建设单位(甲方)、施工单位(乙方)和设计部门三方协商取得统一意见,形成决定,写成文字,称为“图纸会审纪要”文件。

2. 一般图纸会审的内容包括:

(1)图纸是否经设计单位正式签署;

(2)施工图纸与说明是否齐全,有无分期供图的时间表;

(3)总平面图与施工图的几何尺寸、平面位置、标高是否一致；

(4)防火、消防是否满足规定的要求；

(5)施工图中所列标准图集，施工单位是否具备；

(6)材料来源有无保证，能否代换；新材料、新技术、新工艺的应用有无问题；

(7)装饰造型构造是否合理，是否存在不能施工、不便施工的技术问题，或容易导致质量、安全、工期、工程费用增加等方面的问题；

(8)施工安全、环境卫生有无保证。

会审结束后，专门人员负责落实记录图纸会审会议纪要，并在有限的工作日内发给相关单位和部门。

6.2.3 课程思考

1. 建筑装饰施工图会审主要包括哪些内容？
2. 建筑装饰施工图会审目的是什么？

6.3 实训

6.3.1 实训目的

通过实训，充分分析设计意图与要求，理解装饰施工图审图的要求，掌握装饰施工图校对审核的方法，能编写自审记录以及解决会审提出的问题。

6.3.2 实训要求

(1)通过图纸阅读能力训练能够正确识读施工图，理解设计意图。

(2)通过审图训练，能够对施工图进行校正审核，发现图纸中的问题，能够编写自审记录以备会审阶段商讨。

(3)通过会审训练，具备发现问题、解决问题，或者提出修改意见的能力。

码6-5 实训任务书

6.3.3 实训任务

以两人为一个小组，以方案设计为依据，交叉审阅搭档所完成的模块2"章节3 建筑装饰施工图深化设计"中实训任务所绘制的建筑装饰施工图，检查图纸、图表及相关施工图文件，填写图纸会审记录单（表 6-1），并由设计者进行答复与必要的技术交底，具体会审方法如下：

(1)分析任务书，确定需要会审的内容；

(2)审核建筑装饰施工图各项内容的完整情况；

(3)审核建筑装饰施工图绘图内容的正确情况；

(4)审核建筑装饰施工图内容表达的准确情况；

(5)审核建筑装饰施工图是否能指导施工的可行性情况；

(6)审核建筑装饰施工图是否符合项目施工要求；

(7)完成建筑装饰施工图会审纪要；

(8)提出审核意见，填写会审纪要（看看是否有必要增加）。

表 6-1 图纸会审记录单

<table>
<tr><td>工程名称</td><td colspan="2"></td><td>会审时间</td><td colspan="2"></td></tr>
<tr><td>地点</td><td colspan="2"></td><td>图纸类别</td><td colspan="2"></td></tr>
<tr><td>序号</td><td>图号</td><td colspan="2">图纸问题</td><td colspan="2">图纸问题答复</td></tr>
<tr><td></td><td></td><td colspan="2"></td><td colspan="2"></td></tr>
<tr><td></td><td></td><td colspan="2"></td><td colspan="2"></td></tr>
<tr><td></td><td></td><td colspan="2"></td><td colspan="2"></td></tr>
<tr><td></td><td></td><td colspan="2"></td><td colspan="2"></td></tr>
<tr><td></td><td></td><td colspan="2"></td><td colspan="2"></td></tr>
<tr><td></td><td></td><td colspan="2"></td><td colspan="2"></td></tr>
<tr><td></td><td></td><td colspan="2"></td><td colspan="2"></td></tr>
<tr><td></td><td></td><td colspan="2"></td><td colspan="2"></td></tr>
<tr><td rowspan="2">签章</td><td>建设单位</td><td>设计单位</td><td>监理单位</td><td>施工单位</td><td></td></tr>
<tr><td>签字：
单位公章</td><td>签字：
单位公章</td><td>签字：
单位公章</td><td>签字：
单位公章</td><td></td></tr>
</table>

6.3.4 评价标准

1. 图纸审查，图纸问题撰写仔细、准确（50 分）

(1)提出的图纸存在的差错和问题准确，没有专业错误（30 分）。

(2)问题清单全面，细致，没有较明显的遗漏（20 分）。

2. 图纸会审，解决方案规范具有可操作性（30 分）

(1)图纸问题答复有针对性，无答非所问现象（10 分）。

(2)解决技术方案可靠、安全、经济适用，具有可行性（20 分）。

3. 审图记录单填写规范(10 分)

(1)审图记录单填写完整(5 分)。

(2)签章完整,手写签名(5 分)。

4. 工作规范(10 分)

(1)实训过程遵守职业道德及企业规章制度(5 分)。

(2)按时、按质、按量完成角色任务并提交成果(5 分)。

模块 3

项目实训

7 居住空间建筑装饰施工图实训

学习重点、难点

学习重点：建筑装饰施工图绘制计划的制订；独立完成深化设计和完整施工图的绘制。

学习难点：通过本单元综合项目活动，能正确理解建筑装饰施工图深化设计的要求，理解装饰施工图绘制的内容及要求。能够独立完成小型空间的装饰施工图绘制和文件编制、输出工作；能组成团队完成中型空间的装饰施工图绘制和文件编制、输出工作。

学习目标

通过前面几个学习情境的学习，我们熟悉了建筑装饰施工图绘制的整个流程。通过综合项目的实训，来提高学生的计划能力和整体把握能力，从方案的识读、尺寸的复核开始做好施工图绘制的准备，能独立完成一套小型组合空间的装饰施工图绘制，并编制文本。综合项目实训是对前面所学知识的综合运用和能力的进一步提高。

思政元素

本模块课程思政建设目标为：通过项目实训提升学生的动手实践能力、团队协作能力和分析解决问题的能力，让学生在解决具体问题的过程中感悟与人相处的技巧、团队协作精神、待人处事的方式等，通过观察、分析和解决问题的工作实践，涵养工匠精神和工匠情怀，引导学生向“大国工匠”的目标不断奋进，努力成长为具备扎实理论基础和丰富实践经验的新时代青年工匠。

7.1 实训任务信息

7.1.1 任务书

已知某居住空间平面图(图 7-1)、新建墙体图(图 7-2)及平面布置图(图 7-3),客厅效果图(图 7-4)、餐厅效果图(图 7-5)、主卧效果图(图 7-6、图 7-7)、书房效果图(图 7-8、图 7-9)及各空间使用的装饰材料情况(表 7-1)。住宅净层高 2850mm、梁高 550mm、板厚 100mm;普通窗台高 900mm,落地窗高 600mm,卫生间窗台高 1200mm。请根据提供的建筑平面和效果图结合绘制内容画出建筑装饰施工图,其中效果图未表现的空间,绘制人员可根据平面布置图的空间布置情况,以及对设计方案的理解,设计绘制空间建筑装饰施工图内容。

码 7-1　实训任务方案资料

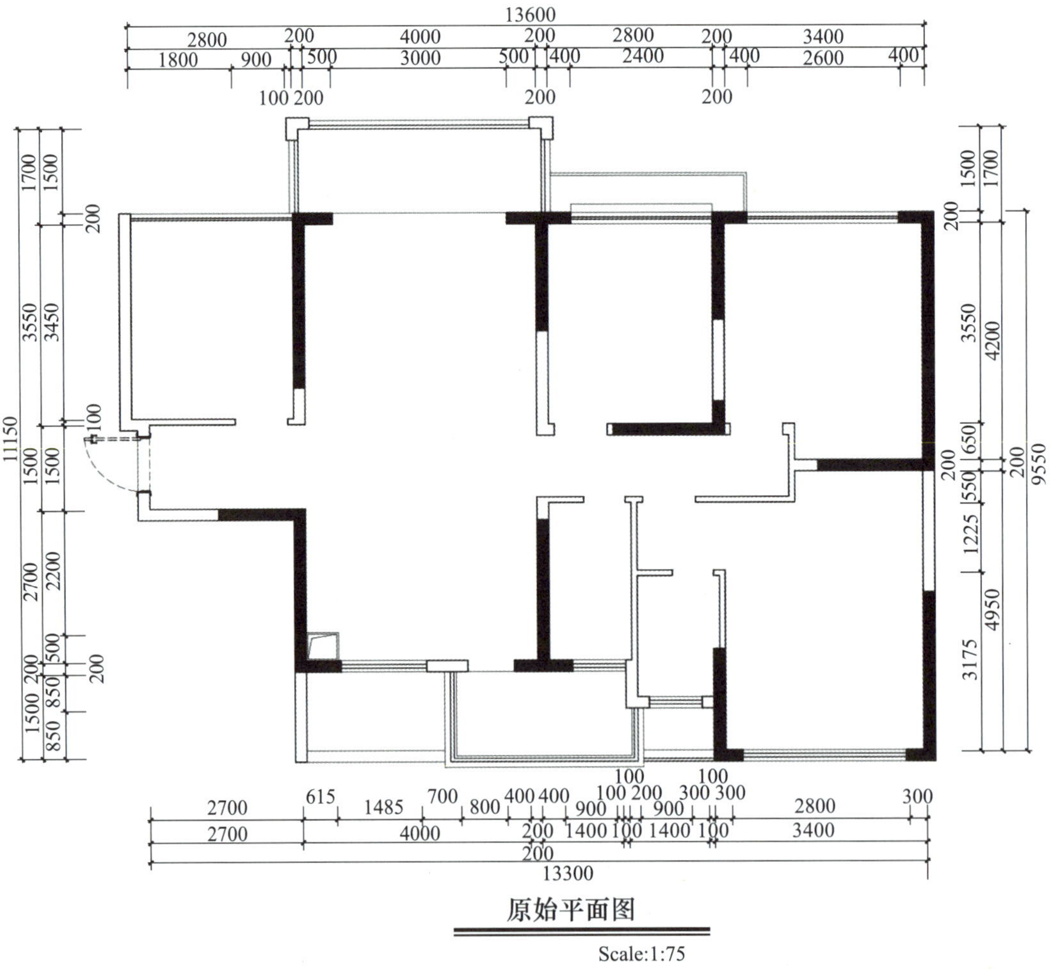

图 7-1　原始平面图

7.1.2 居住空间平面图信息

居住空间平面图信息包括：原始平面图、墙体定位图、平面布置图。

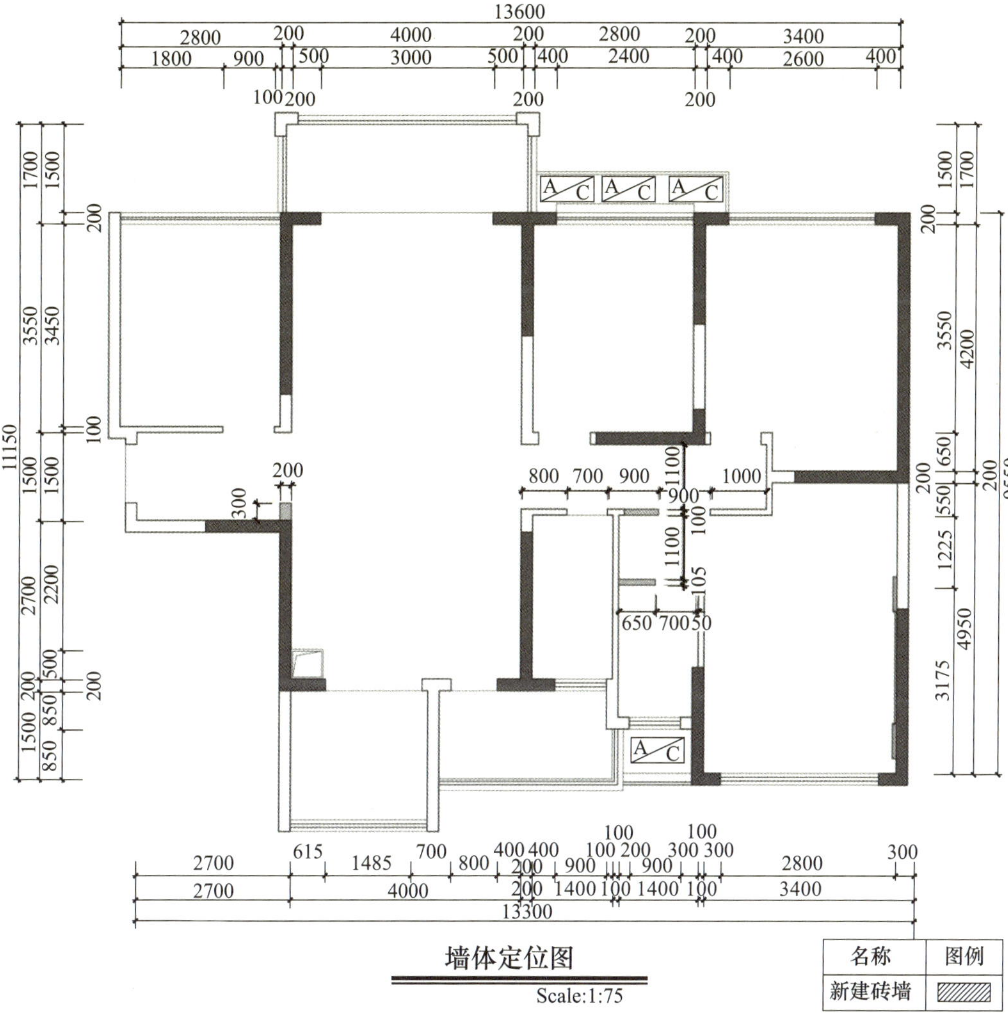

图 7-2 墙体定位图

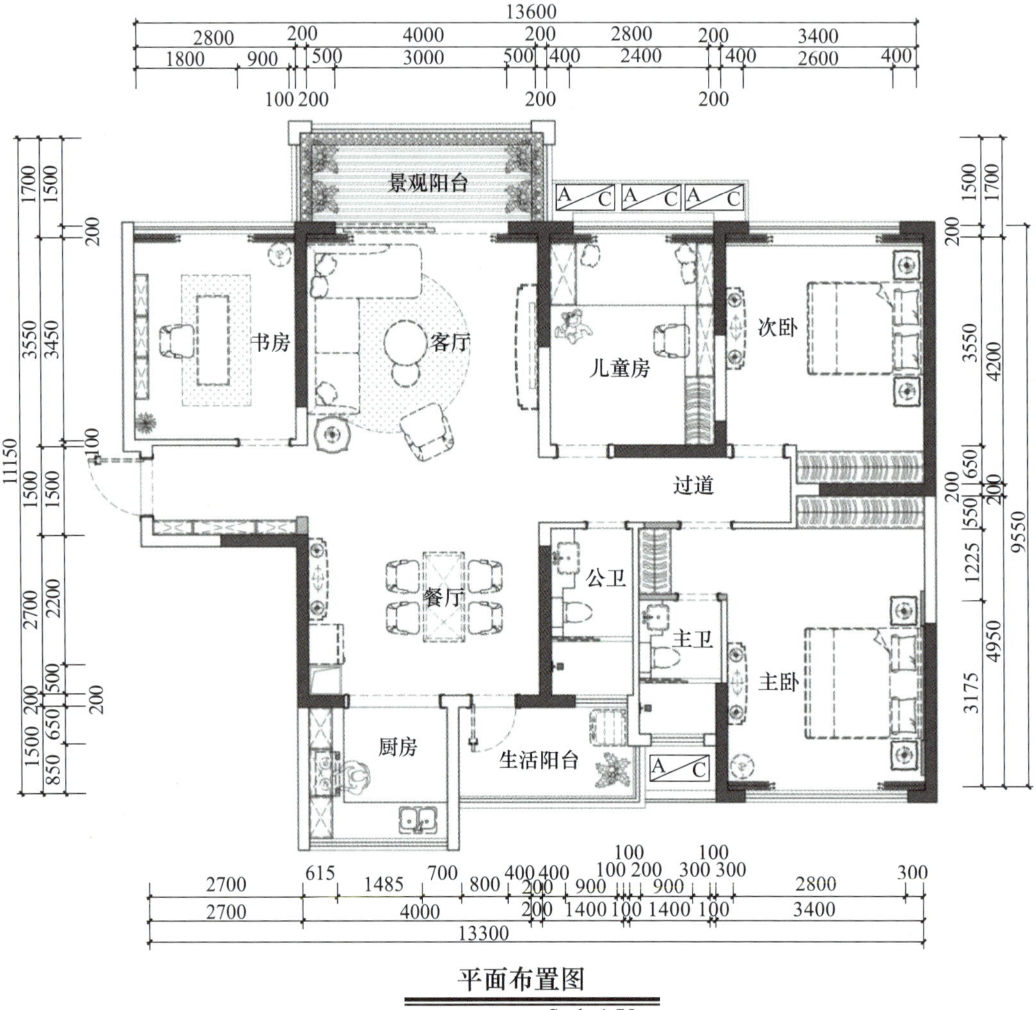
13600
2800
200
4000
200
2800
200
3400
1800
900
500
3000
500
400
2400
400
2600
400
100 200
200
200
景观阳台
书房
客厅
儿童房
次卧
过道
公卫
餐厅
主卫
主卧
厨房
生活阳台
11150
9550
2700
615
1485
700
800
400 400
900
900
2800
300
4000
1400
3400
13300
平面布置图
Scale:1:75

图 7-3　平面布置图

7.1.3 居住空间效果图信息

居住空间效果图信息包括：客厅效果图、主卧效果图、书房效果图。

图 7-4 客厅效果图

图 7-5 餐厅效果图

图 7-6　主卧效果图(1)

图 7-7　主卧效果图(2)

图 7-8 书房效果图(1)

图 7-9 书房效果图(2)

7.1.4 装饰材料信息

装饰材料信息见表 7-1。

表 7-1 装饰材料信息表

序号	材料名称	材料规格	装饰部位
1	白色乳胶漆	—	吊顶、墙面
2	浅蓝色乳胶漆	—	儿童房墙面
3	仿大理石瓷砖(地砖)	800mm×800mm 暖灰色亮面	客厅、餐厅、入户、厨房、过道地面
4	仿大理石瓷砖(地砖)	800mm×800mm 浅啡色亮面	主卫墙地面、公卫地面
5	仿大理石瓷砖(地砖)	800mm×800mm 米黄色亮面	厨房墙面
6	地砖	300mm×600mm 深灰色亚光	阳台地面、墙面
7	大花白天然大理石(亮面)	—	鞋柜台面、洗手台面
8	金啡网天然大理石(亮面)	—	门槛石
9	黑色白线天然大理石(亮面)	—	卫生间淋浴隔断挡水石
10	深啡色天然大理石(酸洗面)	—	淋浴间地面
11	大花白天然大理石板岩(亮面)	—	电视背景墙
12	深啡色复合实木地板	—	主卧、次卧地面、书房、儿童房
13	浅啡色钢木地板	—	阳台地面
14	白色水曲柳细直纹免漆板	—	儿童房木作
15	栗木色水曲柳细直纹免漆板	—	墙面、鞋柜、衣柜

7.2 实训任务准备

7.2.1 技术准备

1. 设计方案识读

识读居住空间设计方案，读懂方案的设计意图，理解造型设计且明确造型的尺寸要求，理解提供的装饰材料在设计方案中所表现的位置。

2. 复核现场尺寸

根据居住空间的原始平面图进行尺寸复核，测量现场实际尺寸。

3. 图纸深化设计

根据居住空间设计方案，在草稿纸上绘制装饰构造形式，进行龙骨、面层、搭接方式等的深化设计构思。

7.2.2 工具、资料准备

1. 工具准备

(1)纸质工具：记录本、工作页、纸、笔。

(2)测量工具：水准测量仪、光学经纬仪、量距工具及激光红外线测距仪等。

(3)绘制工具：安装绘图软件的计算机。

2. 资料准备

《房屋建筑室内装饰装修制图标准》(JGJ/T 244—2011)、《××省建筑装饰装修工程设计文件编制深度规定》(省标)、《工程建设标准设计图集——室内装饰墙面》(省标)、《工程建设标准设计图集——室内装饰木门》(省标)、《工程建设标准设计图集——室内装饰吊顶》(省标)、《工程建设标准设计图集——室内照明装饰构造》(省标)、《国家建筑标准设计图集——内装修》系列图集。

7.2.3 绘图计划

根据图纸验收时间要求，制作绘制计划安排表且必须符合各阶段的划时间节点要求(表7-2)。

表7-2 图纸绘制计划安排表

序号	绘制内容	图纸内容	完成时间
1	封面目录说明系统	图纸封面	
		图纸目录	
		施工说明	
		材料说明	
2	平面图	原始平面图	
		墙体定位图	
		平面布置图	
		地面铺装图	
		顶棚布置图	
		顶棚造型尺寸	
		灯具定位图	
		插座布置图	
		开关定位图	

续表

序号	绘制内容	图纸内容	完成时间
3	立面图	客餐厅、阳台立面图 1	
		客餐厅、阳台立面图 2	
		客餐厅立面图 3	
		客餐厅立面图 4	
		主卧立面图 1	
		主卧立面图 2	
		主卧立面图 3	
		主卧立面图 4	
		书房立面图 1	
		书房立面图 2	
		书房立面图 3	
		书房立面图 4	
		儿童房立面图 1	
		儿童房立面图 2	
		儿童房立面图 3	
		儿童房立面图 4	
4	装饰详图	客厅吊顶大样图	
		餐厅吊顶大样图	
		主卧吊顶大样图	
		书房吊顶大样图	
		客厅电视背景墙大样图	
		客厅沙发背景墙大样图	
		餐厅墙面大样图	
		卧室床头背景墙大样图	

7.3 实训任务要求

7.3.1 按照绘制计划绘制建筑装饰施工图

按照绘制计划表中的要求绘制建筑装饰施工图，在布局中对图纸顺序排序，为图纸进行图名和图号编制。

7.3.2 打印输出建筑装饰施工图

使用制图软件中的打印设置，对照制图规范中的线型粗细要求输出建筑装饰施工图图纸。

7.3.3 图纸自审

绘制完成居住空间建筑装饰施工图后，需先自审，建筑装饰施工图自审表（表7-3）。

表7-3 建筑装饰施工图自审表

序号	分项	存在问题	处理方法	解决与否
1	图纸文件齐全			
2	深化设计正确			
3	图纸内容完整			
4	尺寸标注准确			
5	材料标准清晰			
6	符合制图标准			
7	图表编制正确			
8	文件编制合理			
9	输出设置正确			
10	内容清晰完整			

自审情况说明：

7.3.4 图纸会审

以模拟会审的形式，组建会审小组模拟技术交底，对自审完成的建筑装饰施工图进行图纸的会审，进一步检验施工图文件。

(1)会审小组由建设单位(甲方)、施工单位和设计部门三方组成；

(2)小组人员分别扮演甲方代表、施工单位各专业人员(施工员、预算员、施工测量放线人员、木工、水电工)、设计单位代表(图纸完成人)的角色；

(3)由设计单位代表进行技术交底，详细说明图纸内容，及应在施工中注意的重要事项；

(4)交底完毕后，由施工单位提出问题，请设计单位代表答复解决方案，且形成“图纸会审纪要”文件(表7-4)。

表 7-4　图纸会审纪要表

会议议题		主持人		整理人	
工程名称			图纸类别		
地点			时间		
序号	图号	图纸问题		图纸问题答复	
签章	建设单位	设计单位	监理单位	施工单位	
	签字： 单位公章	签字： 单位公章	签字： 单位公章	签字： 单位公章	

7.4 实训任务评分

1. 基础知识掌握(25 分)

(1)理解装饰构造的深化设计(15 分)。

(2)能正确理解建筑装饰施工图绘制的内容和要求(10 分)。

2. 操作能力表现(65 分)

(1)正确理解设计方案的能力(5 分)。

(2)绘制完整的建筑装饰施工图的能力(15 分)。

(3)建筑装饰施工图深化设计的表现能力(15 分)。

(4)根据标准规范要求进行图面设置的能力(10 分)。

(5)建筑装饰施工图文件编制的能力(5 分)。

(6)图纸正确输出的能力(5 分)。

(7)图纸的自审与交底能力(10 分)。

3. 职业能力表现(10 分)

(1)能够及时发现图纸在绘制中出现的问题(5 分)。

(2)能够协同解决图纸绘制问题的能力(5 分)。

8 办公空间建筑装饰施工图实训

8.1 实训任务信息

8.1.1 任务书

已知某办公空间原始平面图(图 8-1)、新砌墙体图(图 8-2)、平面布置图(图 8-3),办公室效果图(图 8-4)、接待室效果图(图 8-5)、会议室效果图(图 8-6)及各空间使用的装饰材料情况(表 8-1)。办公空间净层高 4500mm、梁高 550mm、板厚 100mm;普通窗台高 900mm,落地窗高 600mm。请根据提供的建筑平面和效果图结合建筑结构信息绘制出建筑装饰施工图,其中效果图未表现的空间,绘制人员可根据平面布置图的布局情况,结合设计方案内容,理解设计意图,绘制出空间建筑装饰施工图内容。

码 8-1　实训任务方案资料

8.1.2 办公空间平面图信息

办公空间平面图信息包括:原始平面图、新砌墙体图、平面布置图。

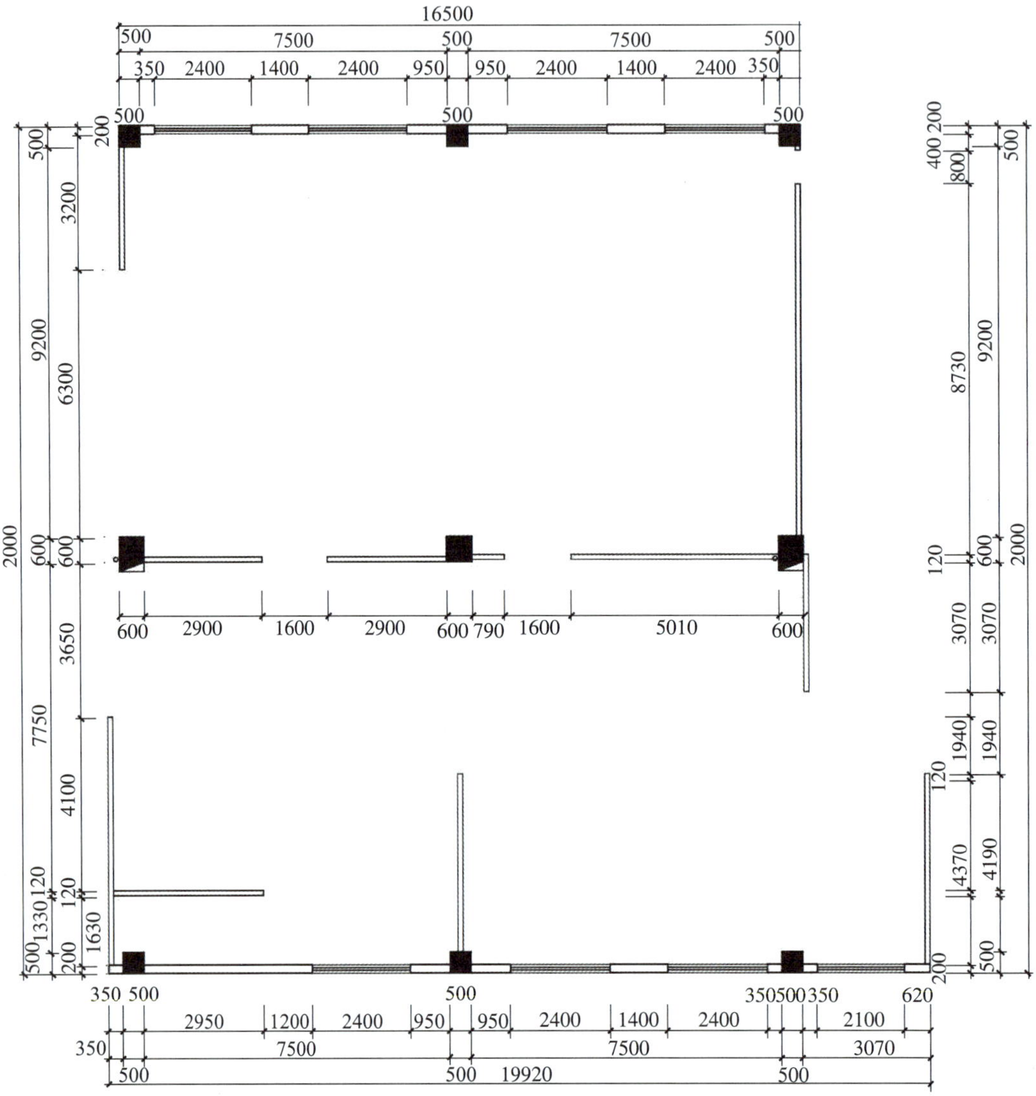

原始平面图

Scale1:60

图 8-1　原始平面图

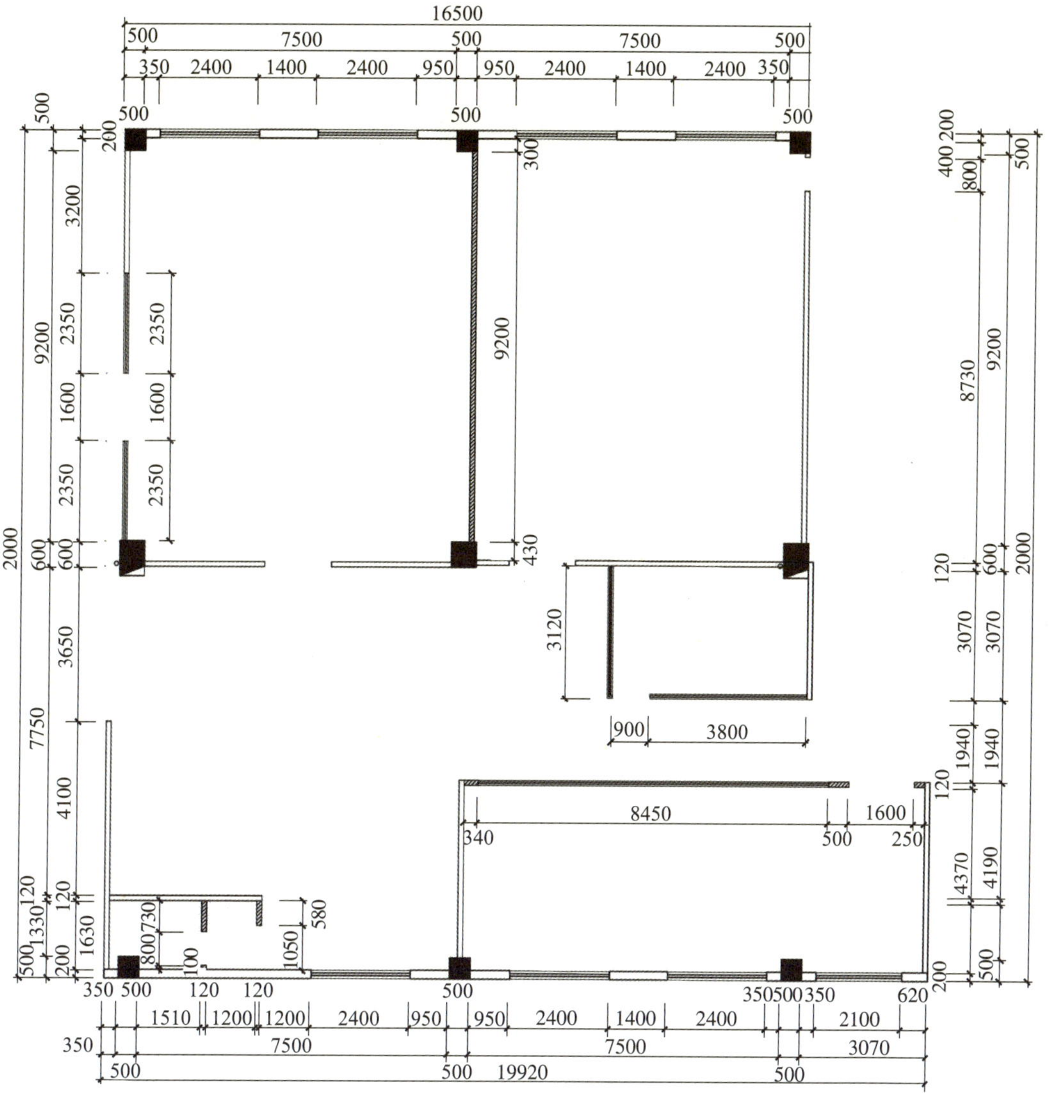

新砌墙体图

Scale1:60

名称	图例
新建砖墙	

图 8-2　新砌墙体图

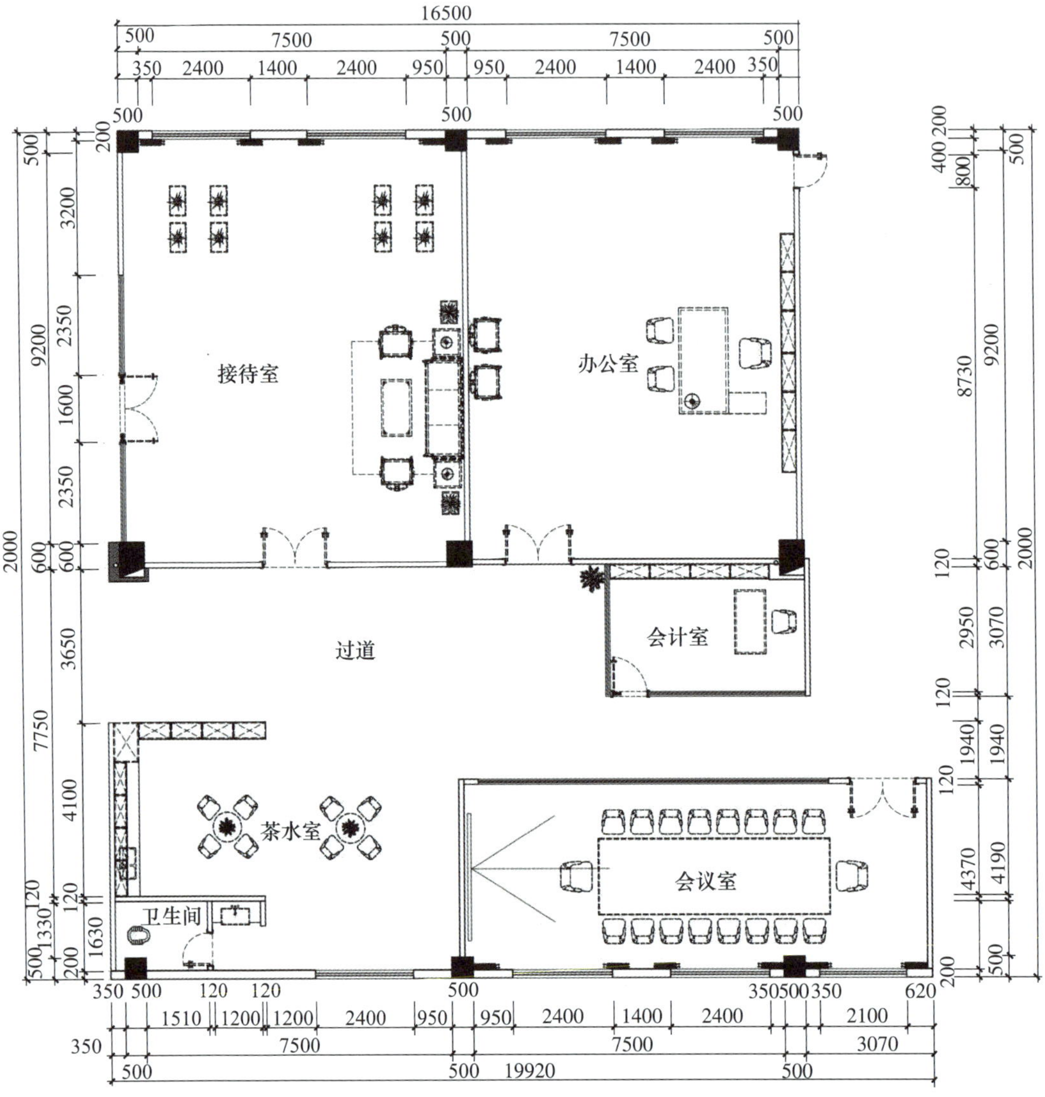

平面布置图

Scale1:60

图 8-3　平面布置图

8.1.3 办公空间效果图信息

办公空间效果图信息包括:办公室效果图、接待室效果图、会议室效果图(图 8-4~图 8-6)。

图 8-4 办公室效果图

图 8-5 接待室效果图

图 8-6 会议室效果图

8.1.4 装饰材料信息

装饰材料信息见表 8-1。

表 8-1 装饰材料信息表

序号	材料名称	材料规格	装饰部位
1	抛光地砖	800mm×800mm;米灰色	办公室、接待室、会议室
2	金属拉丝踢脚线	120mm;金色	办公室、接待室、会议室
3	布纹饰面板	尺寸按设计图纸要求;米咖色	办公室墙面、接待室墙面
4	金属拉丝装饰线条	80mm;金色	办公室吊顶、接待室吊顶
5	白色乳胶漆	—	吊顶
6	浅米黄色乳胶漆	—	会议室墙面
7	水曲柳饰面板	尺寸按设计图纸要求;原木色	会议室墙面
8	水曲柳细直纹免漆板	尺寸按设计图纸要求;原木色	柜子

8.2 实训任务准备

8.2.1 技术准备

1. 设计方案识读

识读办公空间设计方案，读懂方案的设计意图，理解造型设计且明确造型的尺寸要求，理解提供的装饰材料在设计方案中所在的位置。

2. 复核现场尺寸

根据办公空间的原始平面图进行尺寸复核，测量现场实际尺寸。

3. 图纸深化设计

根据居住空间设计方案，在草稿纸上绘制装饰构造形式，进行龙骨、面层、搭接方式等的深化设计构思草图。

8.2.2 工具、资料准备

1. 工具准备

(1)纸质工具：记录本、工作页、纸、笔。

(2)测量工具：水准测量仪、光学经纬仪、量距工具及激光红外线测距仪等。

(3)绘制工具：安装绘图软件的计算机。

2. 资料准备

《房屋建筑室内装饰装修制图标准》(JGJ/T 244—2011)、《××省建筑装饰装修工程设计文件编制深度规定》(省标)、《工程建设标准设计图集——室内装饰墙面》(省标)、《工程建设标准设计图集——室内装饰木门》(省标)、《工程建设标准设计图集——室内装饰吊顶》(省标)、《工程建设标准设计图集——室内照明装饰构造》(省标)、《国家建筑标准设计图集——内装修》系列图集。

8.2.3 绘图计划

根据图纸验收时间要求，制作绘制计划安排表且必须符合各阶段的计划时间节点要求(表8-2)。

表 8-2 图纸绘制计划安排表

序号	绘制内容	图纸内容	完成时间
1	封面目录说明系统	图纸封面	
		图纸目录	
		施工说明	
		材料说明	
2	平面图	原始平面图	
		墙体定位图	
		平面布置图	
		地面铺装图	
		顶棚布置图	
		顶棚造型尺寸	
		灯具定位图	
		插座布置图	
		开关定位图	
3	立面图	办公室立面图 1	
		办公室立面图 2	
		办公室立面图 3	
		办公室立面图 4	
		接待室立面图 1	
		接待室立面图 2	
		接待室立面图 3	
		接待室立面图 4	
		会议室立面图 1	
		会议室立面图 2	
		会议室立面图 3	
		会议室立面图 4	
4	装饰详图	办公室地面大样图	
		办公室吊顶大样图	
		接待室吊顶大样图	
		会议室吊顶大样图	
		办公室墙大样图	
		接待室墙大样图	
		会议室投影仪背景墙大样图	

8.3 实训任务要求

8.3.1 按照绘制计划绘制建筑装饰施工图

按照绘制计划表中的要求绘制建筑装饰施工图，在布局中对图纸顺序排序，为图纸进行图名和图号编制。

8.3.2 打印输出建筑装饰施工图

使用制图软件中的打印设置，对照制图规范中的线型粗细要求输出建筑装饰施工图图纸。

8.3.3 图纸自审

绘制完成居住空间建筑装饰施工图后，需先自审，建筑装饰施工图自审表(表8-3)。

表8-3 建筑装饰施工图自审表

序号	分项	存在问题	处理方法	解决与否
1	图纸文件齐全			
2	深化设计正确			
3	图纸内容完整			
4	尺寸标注准确			
5	材料标准清晰			
6	符合制图标准			
7	图表编制正确			
8	文件编制合理			
9	输出设置正确			
10	内容清晰完整			
自审情况说明：				

8.3.4 图纸会审

以模拟会审的形式，组建会审小组模拟技术交底，对自审完成的建筑装饰施工图进行图纸的会审，进一步检验施工图文件。

(1)会审小组由建设单位(甲方)、施工单位和设计部门三方组成；

(2)小组人员分别扮演甲方代表、施工单位各专业人员(施工员、预算员、施工测量放线人员、木工、水电工)、设计单位代表(图纸完成人)的角色；

(3)由设计单位代表进行技术交底，详细说明图纸内容及应在施工中注意的重要事项；

(4)交底完毕后，由施工单位提出问题，请设计单位代表答复解决方案，且形成“图纸会审纪要”文件(表 8-4)。

表 8-4 图纸会审纪要表

会议议题		主持人		整理人	
工程名称		图纸类别			
地点		时间			
序号	图号	图纸问题		图纸问题答复	
签章	建设单位	设计单位	监理单位	施工单位	
	签字： 单位公章	签字： 单位公章	签字： 单位公章	签字： 单位公章	

8.4 实训任务评分

1. 基础知识掌握(25 分)

(1)理解装饰构造的深化设计(15 分)。

(2)能正确理解建筑装饰施工图绘制的内容和要求(10 分)。

2. 操作能力表现(65 分)

(1)正确理解设计方案的能力(5 分)。

(2)绘制完整的建筑装饰施工图的能力(15 分)。

(3)建筑装饰施工图深化设计的表现能力(15 分)。

(4)根据标准规范要求进行图面设置的能力(10 分)。

(5)建筑装饰施工图文件编制的能力(5 分)。

(6)图纸正确输出的能力(5 分)。

(7)图纸的自审与交底能力(10 分)。

3. 职业能力表现(10 分)

(1)能够及时发现图纸在绘制中出现的问题(5 分)。

(2)能够协同解决图纸绘制问题的能力(5 分)。

参考文献

[1] 陆文莺．建筑装饰施工图绘制[M].北京:中国建筑工业出版社,2017.

[2] 王冲,李坤鹏．室内装饰施工图设计规范与深化逻辑[M].北京:中国建筑工业出版社,2019.

[3] 娄开伦．AutoCAD 建筑装饰装修工程制图[M].北京:科学出版社,2020.

[4] 中华人民共和国住房和城乡建设部．房屋建筑制图统一标准:GB/T 50001—2017[S].北京:中国计划出版社,2017.

[5] 中华人民共和国住房和城乡建设部．房屋建筑室内装饰装修制图标准:JGJ/T 244—2011 [S].北京:中国计划出版社,2011.